高等职业教育建设工程管理类专业系列教材
GAODENG ZHIYE JIAOYU JIANSHE GONGCHENG GUANLILEI ZHUANYE XILIE JIAOCAI

JIANZHU GONGCHENG ZAOJIA BIM YINGYONG

建筑工程造价BIM应用

主　编／曾　涓　杨　旗

副主编／刘昌钟　黄卓飞

参　编／吴丽娟　陈研霖　王玉合　胡杰坤　雷　洋

罗　丹　罗珍妮　柴　盼　余　淼

重庆大学出版社

图书在版编目(CIP)数据

建筑工程造价 BIM 应用/曾涓,杨旗主编. -- 重庆：
重庆大学出版社,2024. 12. --（高等职业教育建设工程
管理类专业系列教材）. -- ISBN 978-7-5689-5104-3

Ⅰ. TU723.31-39

中国国家版本馆 CIP 数据核字第 2025BZ4708 号

建筑工程造价 BIM 应用

主 编 曾 涓 杨 旗

副主编 刘昌钟 黄卓飞

主 审 余春宜

策划编辑:林青山

责任编辑:文 鹏　　版式设计:林青山

责任校对:关德强　　责任印制:赵 晟

*

重庆大学出版社出版发行

出版人:陈晓阳

社址:重庆市沙坪坝区大学城西路 21 号

邮编:401331

电话:(023) 88617190　88617185(中小学)

传真:(023) 88617186　88617166

网址:http://www.cqup.com.cn

邮箱:fxk@ cqup. com. cn（营销中心）

全国新华书店经销

重庆新生代彩印技术有限公司印刷

*

开本:787mm×1092mm　1/16　印张:15.25　字数:282 千

2024 年 12 月第 1 版　　2024 年 12 月第 1 次印刷

ISBN 978-7-5689-5104-3　定价:43.00 元

前言
FOREWORD

"建筑工程造价 BIM 应用"是工程造价专业及相关专业教学计划中一门重要的实践性课程,也是高等职业院校学生综合素质培养过程中重要的实践教学环节之一。重庆建筑工程职业学院从 2021 年就开始着手该课程的教材建设,并由重庆大学出版社出版。广联达 GTJ 和 GCCP 软件是一款在国内备受推崇的工程造价软件,解决了造价人员快速算量、快速计价的工作问题。它的优点:

1. 操作简便,广联达软件开创了国人自己的轻量化图形平台,操作流程简单,符合国人的使用习惯;

2. 持续优化,该软件不断更新、不断创新,使得软件功能日趋经典;

3. BIM 技术应用,在 BIM 方面,广联达软件进行了许多创新和探索,例如 BIM5D 软件,这是 BIM 技术在施工管理方面深入应用的尝试。

4. 工作效率高,对于从事造价(预算)行业的专业人士来说,它能够方便快捷地计算出工程各部分的花费,并且可以构建模型,极大地提高了工作效率。

广联达软件的优点不仅在于其功能的强大和操作的便捷,还在于它对 BIM 技术的深入探索和应用,以及对用户体验的持续优化和提升。这些优点共同使广联达软件成为工程造价领域的一款重要工具。

本书属于理实一体教材,分为上、下两篇。上篇为理论篇,由两个学习情景构成,每个学习情景又由若干个任务构成,并且每个情景任务下均匹配了相应的练习题。下篇为实务篇,包括了工程造价 BIM 软件的计量应用和工程造价 BIM 软件的计价应用两个学习情景,该学习情景以常见的建筑工程施工图为例,按工艺、列项、算量、计价进行教材内容的编排,课程参考学时为课堂讲授72 学时。本书编写团队深化校企合作、产教融合,通过"引企入教",将教材内容与岗位典型任务对接,本书可以作为工程造价及相关专业授课教材,也可作为现场造价员入职培训用书。

本书由重庆建筑工程职业学院曾涓、杨旗担任主编并负责组织制订编写思路及大纲。具体编写分工如下:重庆建筑工程职业学院曾涓负责编写学习情景2(任务 2.1—任务 2.2)、学习情景4(任务 4.4—任务 4.5);重庆建筑工程职业学院杨旗负责编写学习情景1(任务 1.1、任务 1.2);重庆建筑工程职业学院王玉合、罗珍妮、余淼负责编写学习情景2(任务 2.3—任务 2.6);中冶建工集团有限公司刘昌钟、陈妍霖、吴丽娟、雷洋和重庆建筑工程职业学院胡杰坤、罗丹、柴盼负责编写学习情景3(任务 3.1—任务 3.9);重庆瀚恩物业发展有限公司黄卓飞负责编写学习情景4(任务 4.1—任务 4.3)。感谢林洁在本书编写过程中,给予了大力支持和指导。本书在编写中,力求突出有以下特点:

1.在每一学习情景的讲解中,先以企业已建实际案例为先导,以便让读者更直观、更快地掌握软件的使用,之后再对案例任务进行详细讲解,以让读者全面系统地掌握软件的详细使用方法。

2.在讲解主要案例时从"演示""输出结果""练习题"和"总结拓展"四部分展开,软件的各种工具都有其固定的操作流程,按照正确的操作流程才能得到想要的结果。

3.本书由重庆建筑工程职业学院联合中冶建工集团有限公司、重庆瀚恩物业发展有限公司等多家企业联合编制,隶属校企合作教材。重庆瀚恩物业发展有限公司为本书提供了丰富的教学案例、素材和宝贵的意见,在此表示感谢。

4.本书配有详细的流程讲解、教学文件和结果任务对比,并有在线课程等互联网+资源,便于读者学习。

5.本书由高校教师和行业、企业共同开发,产教融合,同时也按照《"1+X"工程造价数字化应用职业技能等级证书标准》的要求进行编写,能够满足新的技术技能人才的培养需要。

本书在编写过程中力求使内容丰满充实、编排层次清晰、表述符合教学的要求,但限于编者经验和能力,书中难免有疏漏和错误之处,恳请广大读者批评指正。

编　者
2024 年 10 月

目录
CONTENTS

上篇 理论篇

一、学习目标

能力目标	(1)能熟练应用规范对项目进行计量; (2)能熟练应用规范对项目进行计价。
知识目标	(1)了解 BIM 基本概念和 BIM 技术在建筑工程造价中的应用; (2)了解建筑工程中常用的专用名词; (3)掌握建筑专业工程造价基本内容; (4)掌握目前建筑专业工程造价的计量原理及方法; (5)掌握目前建筑专业工程造价的计价原理及方法。
素质目标	(1)培养学生好学深思的探究态度; (2)培养学生养成精益求精、精准计量的工匠精神; (3)培养学生养成良好的工作习惯; (4)培养学生树立正确的人生观和价值观及团队合作精神。

二、上篇重难点

重点	(1)建筑专业工程计量原理、建筑专业工程计量方法; (2)建筑专业工程计价原理、建筑专业工程计价方法。
难点	(1)建筑专业工程计量方法; (2)建筑专业工程计价方法。

学习情景 1 BIM 概述

BIM 技术是通过数字信息仿真模拟建筑物所具有的真实信息,并通过联系基本项目的构建和具体施工方面的特性,进而形成建筑信息模型。收集整理的所有信息存储于数据资料库,通过数据库分析建筑相关的其他元素和实际科学之间的深层关系,并通过互联网等前沿技术对数据库里整理的建筑工程信息实现共通共享。建筑信息模型涵盖几何、空间、地理等众多信息,建筑信息的建模可大可小,大到可包含整个建筑生命周期,小到可对一个工序或一个分项工程建模以控制其施工顺序、位置、精度、质量等。项目工程可通过数据建模极大地方便控制工程损耗,合理调整施工的进程,化解基本结构复杂的工程难题。但是要充分发挥 BIM 技术在施工领域的效能,建筑业还任重道远。

建筑产业升级和高质量发展的根本途径是信息化和工业化深度融合,BIM 技术是建筑产业信息化的关键性基础技术。BIM 技术被广泛认为是 21 世纪建筑产业创新发展的关键技术,被视为现代和未来行业从业者需要学习和掌握的基本技术技能,备受世界各国重视。但当前我国具备 BIM 技术应用能力的人才缺乏,大力培养适应行业未来发展需求的建筑信息模型(BIM)技能人才,是实现我国建筑产业信息化和工业化深度融合的基础和关键。

任务 1.1 BIM 基本概念

通过本任务的学习,你将能够:

(1)了解目前常用的一些 BIM 软件及应用场景;

(2)了解 BIM 技术的特点。

1.1.1 BIM 介绍

建筑信息模型(Building Information Modeling,BIM)在建设工程及设施全生命期内,对其物理和功能特性进行数字化表达,并依此设计、施工、运营的过程和结果的总称。主流设计 BIM 建模软件,如 Revit、SketchUp、ArchiCAD、Tekla、MagiCAD、Civil 3D、InfraWorks、Rhino 和 Bentley 系列软件。

建筑信息模型利用 BIM 建模软件生成,一般包含三维几何信息及对应的基本属性信息。

BIM 应用主要包括:应用 BIM 建模软件建立 BIM 模型并进行显示;将 BIM 模型导入到应用软件中,实施相应的 BIM 应用。

  BIM 技术是一种应用于工程设计、建造、管理(运营)的数据化工具,通过对建筑的数据化、信息化模型进行整合,在项目策划、运行和维护的全生命周期过程中进行共享和传递,使工程技术人员对各种建筑信息作出正确理解和高效应对,为设计团队以及包括建筑、运营单位在内的各方建设主体提供协同工作的基础,在提高生产效率、节约成本和缩短工期方面发挥重要作用。BIM 的核心是通过建立虚拟的建筑工程三维模型,利用数字化技术,为这个模型提供完整的、与实际情况一致的建筑工程信息库。该信息库不仅包含描述建筑物构件的几何信息、专业属性及状态信息,还包含了非构件对象(如空间、运动行为)的状态信息。借助这个包含建筑工程信息的三维模型,大大提高了建筑工程的信息集成化程度,从而为建筑工程项目的相关利益方提供了一个工程信息交换和共享的平台。图 1.1.1 所示为 BIM 应用价值。

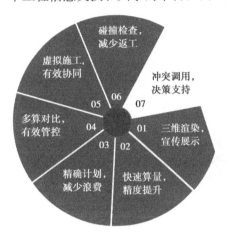

图 1.1.1

1.1.2　BIM 技术的特点

  BIM 具有可视化、协调性、模拟性、互用性、优化性等特点,如图 1.1.2 所示为 BIM 技术特点。

图 1.1.2

1）可视化

可视化即"所见即所得"的形式,对于建筑行业来说,可视化运用在建筑业的作用是非常大的。例如,经常拿到的施工图纸,只是各个构件的信息在图纸上采用线条绘制表达,但是其真正的构造形式就需要建筑业从业人员去自行想象了。BIM 提供了可视化的思路,让人们将以往的线条式的构件形成一种三维的立体实物图形展示在人们的面前;现在建筑业也有设计方面的效果图,但是这种效果图不含有除构件的大小、位置和颜色以外的其他信息,缺少不同构件之间的互动性和反馈性。而 BIM 的可视化是一种能够在构件之间形成互动性和反馈性的可视化。由于整个过程都是可视化的,可视化的结果不仅可以用效果图展示及报表生成,更重要的是,项目设计、建造、运营过程中的沟通、讨论、决策都在可视化的状态下进行。其关键指标是模型细度(level of development,LOD)即模型元素组织及几何信息、非几何信息的详细程度。图 1.1.3 所示为利用 BIM 软件创建建筑专业可视化模型。

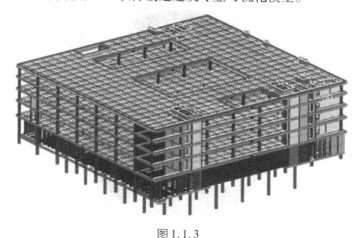

图 1.1.3

2）协调性

协调性是建筑业中的重点内容,不管是施工单位,还是业主及设计单位,都在做着协调及相互配合的工作。一旦项目的实施过程中遇到了问题,就要将各有关人士组织起来开协调会,找各个施工问题发生的原因及解决办法,然后进行变更,做出相应补救措施等来解决问题。在设计时,往往由于各专业设计师之间的沟通不到位,出现各种专业之间的碰撞问题。例如在进行布置机电等专业中的管道时,由于施工图纸是绘制在各自的施工图纸上的,在真正施工过程中,可能在布置管线时正好在此处有结构设计的梁等构件在此阻碍管线的布置,像这样的碰撞问题的协调解决就只能在问题出现之后再进行解决。BIM 的协调性服务就可以帮助处理这种问题,也就是说,BIM 建筑信息模型可在建筑物建造前期对各专业的碰撞问题进行协调,生成协调数据,并提供出来。当然,BIM 的协调作用也并不是只能解决各专业间的碰撞问题,它还可以解决例如电梯井布置与其他设计布置及净空要求的协调、防火分区与其他设计布置的协调、地下排水布置与其他设计布置的协调等。

3）模拟性

模拟性并不是只能模拟设计出的建筑物模型,还可以模拟不能够在真实世界中进行操作的事物。在设计阶段,BIM 可以对设计上需要进行模拟的一些东西进行模拟实验。例如:节能模拟、紧急疏散模拟、日照模拟、热能传导模拟等;在招投标和施工阶段可以进行 4D 模拟(4D 模拟是指在 BIM 模型上关联工程进度信息后所开展的 BIM 应用,通过根据施工组织设计模拟实际施工,展示项目虚拟建造过程,进而实施进度管理,确定合理的施工方案来指导施工。),同时还可以进行 5D 模拟(5D 模拟是在 4D BIM 的基础上,在 BIM 模型上关联工程价格信息后开展的 BIM 应用,能展示项目随时间的资源需求,实施物料管理和成本管理),从而实现成本控制;后期运营阶段可以模拟日常紧急情况的处理方式,例如地震人员逃生模拟及消防人员疏散模拟等。

4)互用性

互用性就是 BIM 模型中所有数据只需要一次性采集或输入,就可以在整个建筑物的全生命周期中实现信息的共享、交换与流动,使 BIM 模型能够自动演化,避免了信息不一致的错误。在建设项目不同阶段免除对数据的重复输入,大大降低成本、节省时间、减少错误、提高效率。

5)优化性

事实上整个设计、施工、运营的过程就是一个不断优化的过程。当然优化和 BIM 也不存在实质性的必然联系,但在 BIM 的基础上可以做更好的优化。优化受三种因素的制约:信息、复杂程度和时间。没有准确的信息,做不出合理的优化结果,BIM 模型提供了建筑物的实际存在的信息,包括几何信息、物理信息、规则信息,还提供了建筑物变化以后的实际存在信息。复杂程度较高时,参与人员本身的能力无法掌握所有的信息,必须借助一定的科学技术和设备的帮助。现代建筑物的复杂程度大多超过参与人员本身的能力极限,BIM 及与其配套的各种优化工具提供了对复杂项目进行优化的可能。

任务 1.2 BIM 技术在建筑工程造价中的应用

通过本任务的学习,你将能够:

(1)了解 BIM 技术的发展与应用;

(2)了解现目前数字化管理方法。

1.2.1 BIM 技术的发展与应用

1975 年,BIM 之父——美国佐治亚理工学院的 Chuck Eastman 教授首次提出了 BIM(Building Information Modeling)的理念。Eastman 教授在其研究的课题"Building Description System"中提出"a computer-based description of a building",以便于实现建筑工程的可视化和量化分析,提高工程建设效率。BIM 是以建筑工程项目的各项相关信息数据作为基础,建立起三维的建筑模型,通过数字信息仿真模拟建筑物所具有的真实信息。它具有信息完备性、信息关联性、信息一致性、可视化、协调性、模拟性、互用性、优化性和可出图性等特点,给工程建设信息化带来了重大变革。

BIM 技术算量是在三维算量基础上的提升,也是通过构建三维模型来计算整个项目的工程量,但是 BIM 算量的三维模型包含的信息量更大、应用面更广,可以与其他项目管理软件衔接,实现资源的整合集成应用。传统的三维算量模型计算的是一个静态点的工程量,基于 BIM 技术的算量软件可以与施工进度、材料管理软件衔接,实时反馈动态工程量(即 BIM 4D)在传统的三维模型的基础上增加了时间维度。BIM 5D(即 3D 模型+进度+成本),以 BIM 平台为核心,集成土建、机电、钢构、幕墙等各专业模型,并以集成模型为载体,关联施工过程中的进度、合同、成本、质量、安全、图纸、物料等信息,利用 BIM 模型的形象直观、可计算分析的特性,为项目的进度、成本管控、物料管理等提供数据支撑。BIM 技术目前已经在建筑工程项目的多个方面得到广泛的应用(图 1.2.1)。

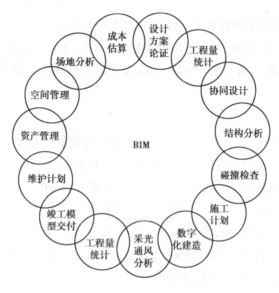

图 1.2.1

目前土建专业的 BIM 建模软件主要是欧特曼公司的 Revit,主要用于设计人员进行三维绘图, Revit 构建的 BIM 模型可以直接利用数据接口导入算量软件,快速承接项目模型的几何和空间物理属性,建立构件之间的计算关系,并加载计算规则实现自动化算量,快速统计各种构件的工程量,并形成 BIM 算量模型。通过 BIM 设计模型与图形技术相结合,实现快速算量,可以将工程造价专业人员从繁重的算量工作中解放出来(图 1.2.2)。

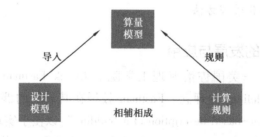

图 1.2.2

除了算量,BIM 技术的应用还可以提高工程项目管理水平与生产效率,项目管理从沟通、协作、预控等方面都可以得到极大地加强,方便参建各方人员基于 BIM 模型进行沟通协调与协同工作;利用 BIM 技术可以提升工程质量,保证执行过程中造价的快速确定、控制设计变更、减少返工、降低成本,并能大大降低招标与合同执行的风险;同时,BIM 技术应用可以为信息管理系统提供及时、有效、真实的数据支撑。BIM 模型提供了贯穿项目始终的数据库,实现了工程项目全生命周期数据的集成与整合,并有效支撑了管理信息系统的运行与分析,实现项目与企业管理信息化的有效结合。典型的 BIM 应用已经从 3D(几何信息)向 4D(时间/工期信息)、5D(成本信息)、6D(能耗信息)……nD(多维)发展。

BIM 还有八大设计优势:一是三维设计,项目各部分分拆设计,来完成特别复杂项目的方案设计;二是可视设计,室内、室外可视化设计,便于业主决策,减少返工量;三是协同设计,多个专业在同一平台上设计,实现了高效的协同设计;四是修改方便,一处修改,处处更新,计算与绘图的融合;五是管道检测,通过机电专业的碰撞检测,解决机电管道相互冲突的问题;六是提高质量,采用高效的协同设计,减少错漏碰缺,提高图纸质量;七是自动统计,可以将工程量自动统计的材料表自动生成;八是节能设计,通过软件支持整个项目可持续和绿色节能环保设计。

BIM 技术提高了建筑业的节能水平。绿色建筑是节能建筑,而其节能体现在各个环节,从设计、建材、施工到运营维护等,都必须突出绿色理念,体现国家相关的政策和标准。而在这一系列过程中,要实现准确无误,BIM 技术必不可少。

目前,设计、施工、运营三者模型还不能实现共享,其主要原因是:分工不同、目标不同、资源不同、素质不同、工艺不同、经验不同等。一些 BIM 技术专家和 BIM 技术研究机构认为:BIM 是一项技术,也是一个概念,更是一个平台;BIM 技术更强调信息共享、数据存储、调用方便;BIM 只有进行时,没有完成时,是不断完善的过程;BIM 技术不仅用于设计、施工和运营,而且可以用于管理和经营。

在中国建筑行业,BIM 技术是建筑产业的革命,必将引发建筑行业从技术手段到商业模式等多层面的颠覆性革命。未来,懂设计、懂施工、懂造价、懂 BIM 的复合型人才将是市场的紧缺人才。

1.2.2　数字化管理

数字化管理是指利用计算机、通信、网络等技术,通过统计技术量化管理对象与管理行为,实现研发、计划、组织、生产、协调、销售、服务、创新等职能的管理活动和方法。数字造价管理,是利用 BIM 技术、云计算、大数据、物联网、移动互联网、人工智能结合起来,形成技术组合创新的行业战略。

数字造价管理通过数据驱动推动行业变革,结构化、网络化、智能化是数字造价管理的三大典型特征。结构化是基础,通过对造价管理过程及成果进行结构化描述,保证数据的有效性。网络化是关键,通过实时在线实现协同办公、数据分享、数据应用。智能化是目标,通过数据分析、数据应用实现智能计价、快速决策。它结合全面造价管理的理论与方法,集成人员、流程、数据、技术和业务系统,实现工程造价管理的全过程、全要素、全参与方的结构化、网络化、智能化,构建项目、企业和行业的平台生态圈,从而推动以新计价、新管理、新服务为代表的工程造价专业转型升级,实现让每一个工程项目综合价值最优的目标。

工程造价数据是企业的宝贵财富,但由于企业的工程造价数据结构化程度低,采集分析难度大,复用和他用的程度低,数据无法发挥效益。而且单个企业的工程造价数据量不大,不足以支撑工程造价大数据分析。《工程造价事业发展"十三五"规划》提出,要加强对市场价格信息、造价指标指数、工程案例信息等各类型、各专业造价信息的综合开发利用,丰富多元化信息服务种类。建立健全合作机制,促进多元化平台良性发展,大力推进 BIM 技术在工程造价事业中的应用。

随着 BIM 技术的应用价值不断被认可,各参与方将逐渐接受并应用 BIM 技术,以 BIM 模型为基础进行可视化沟通。同时,BIM 模型与工程造价数据集成,将使工程造价数据模块化,为数字化提供了技术基础。施工企业的现场管理进入信息化普及阶段,现场管理系统及物联网等设备开始被应用。物联网设备可采集施工过程中消耗的人工、机械台班用量,基于 BIM 的现场管理系统可以采集进度、质量、安全、成本等要素数据,施工组织设计系统可采集管理费、措施费等数据,材料设备交易平台可采集材料、设备的交易价格。这些来自施工现场的数据为数字化提供了真实可靠的数据源。

全新的工程造价管理模式是基于项目全寿命周期的 BIM 模型:一是形成全参与方在数字造价管理平台协同、交互的工作场景,使各参与方能够进行高效、实时的信息传递,交付数字化的成果;二是让项目的质量、工期、安全、环保等要素有效关联项目工程造价,实现要素间的信息实时传递与更新;三是全寿命周期 BIM 模型与工程造价要素进行有效集成,项目各个阶段的工程造价数据能前后连贯、相互作用,使项目数据互联互通。

数字造价管理是实现"传统工程造价管理转向以项目价值管理为本的造价管理新模式"的技术支撑,推动建设项目的全参与方组织体系、工作流程、项目管理和生产要素的数字化融合与生产,来实现各个工作场景的业务在线化与成果数字化,构建一个开放、共享、共赢的生态系统。

练习题

1. BIM 是什么? 有什么技术特点?
2. 简述全新的工程造价管理模式。
3. 简述工程造价 BIM 算量的实现方式。

学习情景2 建筑专业工程造价基本知识

造价工程师应理解建筑专业的常用名词、建筑专业工程造价基本内容、建筑专业工程计量原理及计量方法、建筑专业工程计价原理及计价方法,并以此为基础,在工程建设各阶段进行工程项目的全过程造价管理。全过程造价管理分为决策、设计、发承包、施工和竣工等阶段。

任务 2.1 建筑工程专业名词解释

通过本任务的学习,你将能够:

(1)理解常用建筑工程专业名词解释;

(2)建模能获取正确的施工图信息。

檐高:室外设计地坪至檐口的高度。建筑物檐高以室外设计地坪标高作为计算起点。如果屋檐有檐沟即指到檐口底的高度。

自然层:按楼地面结构分层的楼层。

结构层高:楼面或地面结构层上表面至上部结构层上表面之间的垂直距离。

结构层:整体结构体系中承重的楼板层。

主体结构:接受、承担和传递建设工程所有上部荷载,维持上部结构整体性、稳定性和安全性的有机联系的构造。

围护结构:围合建筑空间的墙体、门、窗。

建筑空间:以建筑界面限定的、供人们生活和活动的场所。

地下室:房间地平面低于室外地平面的高度超过该房间净高的1/2者为地下室。

半地下室:房间地平面低于室外地平面的高度超过该房间净高的1/3,且不超过1/2者为半地下室。

结构净高:楼面或地面结构层上表面至上部结构层下表面之间的垂直距离。

层高:上下两层楼面或楼面与地面之间的垂直距离。建筑物最底层的层高,有基础底板的指基础底板上表面结构至上层楼面的结构标高之间的垂直距离,没有基础底板的指地面标高至上层楼面的结构标高之间的垂直距离;最上一层的层高是指其楼面结构标高至屋面板结构标高之间的垂直距离,遇有以屋面板找坡的屋面,是指楼面结构标高至屋面板最低处板面结构标高之间的垂直距离。

围护设施:为保障安全而设置的栏杆、栏板等围挡。

架空层:仅有结构支撑而无外围护结构的开敞空间层。

架空走廊:建筑物与建筑物之间,在二层或二层以上专门为水平交通设置的走廊,如图2.1.1和图2.1.2所示。

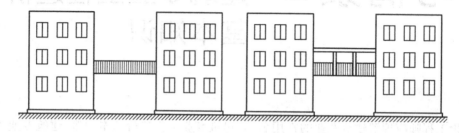

图 2.1.1

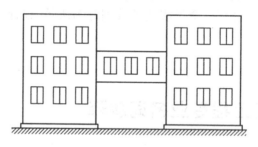

图 2.1.2

落地橱窗:凸出外墙面且根基落地的橱窗。

凸窗(飘窗):既作为窗又有别于楼(地)板的延伸,也就是不能把楼(地)板延伸出去的窗称为凸窗(飘窗)。凸窗(飘窗)的窗台应只是墙面的一部分,且距(楼)地面应有一定的高度。

挑廊:挑出建筑物外墙的水平交通空间。

走廊:建筑物的水平交通空间。

檐廊:设置在建筑物底层出檐下的水平交通空间,是附属于建筑物底层外墙,有屋檐作为顶盖,其下部一般有柱或栏杆、栏板等的水平交通空间。

门斗:建筑物入口处设置的起分隔、挡风、御寒等作用的两道门之间的空间。

雨篷:建筑出入口上方为遮挡雨水、阳光而设置的部件。

门廊:建筑物入口前有顶棚的半围合空间,是在建筑物出入口设置,无门、三面或两面有墙、上部有板(或借用上部楼板)围护的部位。

回廊:在建筑物门厅、大厅内,设置在二层或二层以上的回形走廊。

骑楼:建筑底层沿街面后退且留出公共人行空间的建筑物。

过街楼:跨越道路上空并与两边建筑相连接的建筑物。

建筑物通道:为穿过建筑物而设置的空间。

围护结构:围合建筑空间四周的墙体、门、窗等。

围护性幕墙:直接作为外墙起围护作用的幕墙。

装饰性幕墙:设置在建筑物墙体外起装饰作用的幕墙。

楼梯:由连续行走的梯级、休息平台和维护安全的栏杆(或栏板)、扶手以及相应的支托结构组成的作为楼层之间垂直交通使用的建筑部件。

阳台:附设于建筑物外墙,设有栏杆或栏板,可供人活动的室外空间。

眺望间:设置在建筑物顶层或挑出房间的供人们远眺或观察周围情况的建筑空间。

变形缝:防止建筑物在某些因素作用下引起开裂甚至破坏而预留的构造缝,是伸缩缝(温度缝)、沉降缝和抗震缝的总称。

露台:设置在屋面、首层地面或雨篷上,供人室外活动的有围护设施的平台。

勒脚:在房屋外墙接近地面部位设置的饰面保护构造。

台阶:联系室内外地坪或同楼层不同标高而设置的阶梯形踏步。

永久性顶盖:经规划批准设计的永久使用的顶盖。

建筑面积:建筑物(包括墙体)所形成的楼地面面积。

任务 2.2　建筑专业工程造价基本内容

通过本任务的学习,你将能够:

(1)理解工程造价不同的含义;

(2)区分出工程建设中各阶段工程造价的控制。

2.2.1　工程造价的定义

工程造价是指工程项目在建设期间预计或实际支出的建设费用,也指工程项目从投资决策开始到竣工投产所需的建设费用。

工程造价按照工程项目所指范围的不同,可以是一个建设项目的工程造价,即建设项目所有建设费用的总和,如建设投资和建设期利息之和,也可以指建设费用中的某个组成部分,即一个或多个单项工程或单位工程的造价,以及一个或多个分部分项工程的造价,如建筑安装工程费用、安装工程费用、幕墙工程造价等。

工程造价在工程建设的不同阶段有具体的称谓,如投资决策阶段为投资估算,设计阶段为设计概算、施工图预算,招投标阶段为最高投标限价、投标报价、合同价,施工阶段为竣工结算等。

2.2.2　工程造价中各阶段工程造价的关系和控制

在建设工程的各个阶段,工程造价分别通过投资估算、设计概算、施工图预算、最高投标限价、合同价、工程结算进行确定与控制。建设项目是一个从抽象到实际的建设过程,工程造价也从投资估算阶段的投资预计,到竣工决算的实际投资,形成最终的建设工程的实际造价。从估算到决算,工程造价的确定与控制存在着相互独立又相互关联的关系。

1) 工程建设各阶段工程造价的关系

建设工程项目从立项论证到竣工验收、交付使用的整个周期,是工程建设各阶段工程造价由表及里、由粗到精、逐步细化、最终形成的过程,它们之间相互联系、相互印证,具有密不可分的关系。

工程建设各阶段工程造价关系见图 2.2.1。

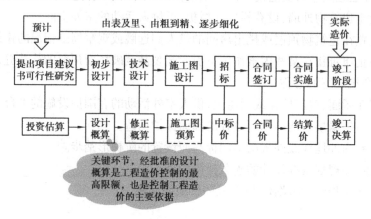

图 2.2.1

2)工程建设各阶段工程造价的控制

所谓工程造价控制,就是在优化建设方案、设计方案的基础上,在建设程序的各个阶段,采用一定的方法和措施把工程造价控制在合理的范围和核定的限额以内。具体来说,要用投资估算价控制设计方案的选择和初步设计概算造价,用概算造价控制技术设计和修正概算造价,用概算造价或修正概算造价控制施工图设计和预算造价,用最高投标限价控制投标价等。以求合理使用人力、物力和财力,取得较好的投资效益。控制造价在这里强调的是限定项目投资。

有效控制工程造价应体现以下原则:

(1)以设计阶段为重点的建设全过程造价控制

工程造价控制贯穿于项目建设全过程,但是必须重点突出。很显然,工程造价控制的关键在于施工前的投资决策和设计阶段,而在项目做出投资决策后,控制工程造价的关键就在于设计阶段。建设工程全寿命费用包括工程造价和工程交付使用后的经常开支费用(含经营费用、日常维护修理费用、使用期内大修理和局部更新费用)以及该项目使用期满后的报废拆除费用等。据分析,设计费一般只相当于建设工程全寿命费用的1%以下,但正是这少于1%的费用对工程造价的影响很大。由此可见,设计的好坏对整个工程建设的效益是至关重要的。

要有效地控制工程造价,就要坚决地把控制重点转到建设前期阶段上来,尤其应抓住设计这个关键阶段,以取得事半功倍的效果。

(2)主动控制,以取得令人满意的结果

一般说来,建设项目的工程造价与建设工期和工程质量密切相关,为此,应根据业主的要求及建设的客观条件进行综合研究,实事求是地确定一套切合实际的衡量准则。只要造价控制的方案符合这套衡量准则,取得令人满意的结果,则应该说造价控制达到了预期的目标。

自20世纪70年代初开始,人们将系统论和控制论研究成果用于项目管理后,将控制立足于事先主动地采取决策措施,以尽可能地减少以至于避免目标值与实际值的偏离,这是主动的、积极的控制方法,因此被称为主动控制。也就是说,工程造价控制工作,不应仅反映投资决策,反映设计、发包和施工等被动控制工程造价,更应积极作为,能动地影响投资决策,影响设计、发包和施工,主动地控制工程造价。

(3)技术与经济相结合是控制工程造价最有效的手段

要有效地控制工程造价,应从组织、技术、经济等多方面采取措施。从组织上采取的措施,包括明确项目组织结构,明确造价控制者及其任务,明确管理职能分工;从技术上采取措施,包括重视设计多方案选择,严格审查监督初步设计、技术设计、施工图设计、施工组织设计,深入技术领域研究节约投资的可能;从经济上采取措施,包括动态地比较造价的计划值和实际值,严格审核各项费用支出,采取对节约投资的有力奖励措施等。

技术与经济相结合是控制工程造价最有效的手段。由于工作分工与责任主体的不同,在工程建设领域,技术与经济的结合往往不能有效统一。工程技术人员以提高专业技术水平和专业工作技能为核心目标,对工程的质量和性能尤其关心,往往忽视工程造价。片面追求技术的绝对先进而脱离实际应用情况,不仅导致工程造价高昂,也是一种功能浪费。这就迫切需要解决以提高工程投资效益为目的,在工程建设过程中把技术与经济有机结合,通过技术比较、经济分析和效果评价,正确处理技术先进与经济合理两者之间的对立统一关系,力求在技术先进条件下的经济合理,在经济合理基础上的技术先进,把控制工程造价观念贯彻到各项设计和施工技术措施之中。

工程造价的确定和控制之间,存在相互依存、相互制约的辩证关系。首先,工程造价的确定是工程造价控制的基础和载体。没有造价的确定,就没有造价的控制;没有造价的合理确定,也就没有造价的有效控制。其次,造价的控制寓于工程造价确定的全过程,造价的确定过程也就是造价的控制过程,只有通过逐项控制、层层控制才能最终合理确定造价。最后,确定造价和控制造价的最终目的是一致的。即合理使用建设资金,提高投资效益,遵循价值规律和市场运行机制,维护有关各方合理的经济利益。可见二者相辅相成。

3)工程造价控制的主要内容

为了做好建设工程造价的有效控制,要把握好工程建设各阶段的工程重点,充分认识各阶段的控制重点和关键环节。

(1)项目决策阶段

根据拟建项目的功能要求和使用要求,做出项目定义,并按照项目规划的要求和内容以及项目分析和研究的不断深入,确定投资估算的总额,将投资估算的误差率控制在允许的范围之内。

投资估算对工程造价起到指导性和总体控制的作用。在投资决策过程中,特别是从工程规划阶段开始,预先对工程投资额度进行估算,有助于业主对工程建设各项技术经济方案做出正确决策,从而对今后工程造价的控制起到决定性的作用。

(2)初步设计阶段

运用设计标准与标准设计、价值工程和限额设计方法等,以可行性研究报告中被批准的投资估算为工程造价目标值,控制和修改初步设计以满足投资控制目标的要求。

设计阶段是仅次于决策阶段影响投资的关键。为了避免浪费,采取方案比选、限额设计等是控制工程造价的有力措施。强调限额设计并不是一味追求节约资金,而是体现了尊重科学,实事求是,保证设计科学合理,以进一步优化设计方案。

初步设计是工程设计投资控制的最关键环节,经批准的设计概算是工程造价控制的最高限额,也是控制工程造价的主要依据。

(3)施工图设计阶段

以被批准的设计概算为控制目标,应用限额设计、价值工程等方法进行施工图设计。通过对设计过程中所形成的工程造价层层限额把关,以实现工程项目设计阶段的工程造价控制目标。

(4)工程施工招标阶段

以工程设计文件(包括概算、预算)为依据,结合工程施工的具体情况,如现场条件、市场价格、业主的特殊要求等,按照招标文件的规定,编制工程量清单和最高投标限价,明确合同计价方式,初步确定工程的合同价。

业主通过施工招标这一经济手段,择优选定承包商,不仅有利于确保工程质量和缩短工期,更有利于降低工程造价,是工程造价控制的重要手段。施工招标应根据工程建设的具体情况和条件,采用合适的招标形式,编制招标文件应符合法律法规,内容齐全,前后一致,避免出错和遗漏。评标前要明确评标原则。招标工作最终结果,是实现工程发承包双方签订施工合同。

(5)工程施工阶段

以工程合同价等为控制依据,通过控制工程变更、风险管理等方法,按照承包人实际应予计量的工程量,并考虑物价上涨、工程变更等因素,合理确定进度款和结算款,控制工程费用的支出。

施工阶段是工程造价的执行和完成阶段。在施工中通过跟踪管理,对发承包双方的实际履约行为掌握第一手资料,经过动态纠偏,及时发现和解决施工中的问题,有效地控制工程质量、进度和造价。事前控制工作重点是控制工程变更和防止发生索赔。施工过程要搞好工程计量与结算,做好与工程造价相统一的质量、进度等各方面的事前、事中、事后控制。

(6)竣工验收阶段

全面汇总工程建设中的全部实际费用,编制竣工结算与决算,如实体现建设项目的工程造价,并总结经验,积累技术经济数据和资料,不断提高工程造价管理水平。

任务 2.3 建筑专业工程计量原理

通过本任务的学习,你将能够:

(1)理解建筑专业工程量的含义;

(2)根据项目信息正确计算建筑面积。

2.3.1 建筑专业工程量的含义

工程量是工程计量的结果,是指按一定规则并以物理计量单位或自然计量单位所表示的建设工程各分部分项工程、措施项目或结构构件的数量。物理计量单位是指以公制度量表示的长度、面积、体积和重量等计量单位,如预制钢筋混凝土方桩以"米"为计量单位,墙面抹灰以"平方米"为计量单位,混凝土以"立方米"为计量单位等。自然计量单位指建筑成品表现在自然状态下的简单点数所表示的个、条、樘、块等计量单位,如门窗工程常用"樘"为计量单位;桩基工程可以以"根"为计量单位等。

准确计算工程量是工程计价活动中最基本的工作,一般来说工程量有以下作用:

①工程量是确定建筑安装工程造价的重要依据,只有准确计算工程量,才能正确计算工程相关费用,合理确定工程造价。

②工程量是承包方生产经营管理的重要依据。工程量在投标报价时是确定项目的综合单价和投标策略的重要依据。工程量在工程实施时是编制项目管理规划,安排工程施工进度,编制材料供应计划,进行工料分析,编制人工、材料、机具台班需要量,进行工程统计和经济核算,编制工程形象进度统计报表的重要依据,工程量在工程竣工时是向工程建设发包方结算工程价款的重要依据。

③工程量是发包方管理工程建设的重要依据。工程量是编制建设计划、筹集资金、工程招标文件、工程量清单、建筑工程预算安排、工程价款的拨付和结算、进行投资控制的重要依据。

2.3.2 建筑专业建筑面积计算规则

1)建筑面积的概念

单层建筑物的建筑面积,是指外墙勒脚以上的外围水平面积;多层建筑物的建筑面积,则是指各层外墙外围面积之和。两者均包括结构面积、使用面积和辅助面积。

①结构面积是指建筑物各层平面布置中的墙、柱等结构所占的面积总和。

②使用面积是指可直接为生产或生活使用即具有生产和生活使用效益的净面积总和,其在民用建筑中也称"居住面积"。

③辅助面积是指建筑物各层平面布置中,为辅助生产或生活所占净面积的总和,如楼梯等。使用面积和辅助面积的总和称为"有效面积"。

2)建筑面积的作用

①建筑面积是编制设计概算的依据。设计概算,是指设计单位在初步设计或扩大初步设计阶段,根据设计图样及说明书、设备清单、概算定额或概算指标、各项费用取费标准等资料及类似的工程预(决)算文件等资料,用科学的方法计算和确定建筑安装工程全部建设费用的经济文件。根据项目立项批准文件所核准的建筑面积,是初步设计的重要控制指标。对于国家投资的项目,施工图的建筑面积不得超过初步设计的5%,否则必须重新报批。

②建筑面积是计算工程量的基础资料。应用统筹计算方法,根据底层建筑面积,就可以很方便地推算出室内回填土体积、平整场地面积、楼地面面积和天棚面积等。另外,建筑面积也是脚手架、垂直运输机械费用的计算依据。

③建筑面积是计算土地利用系数的基础。该系数的计算公式为:

土地利用系数=建筑面积/建筑占地面积

④建筑面积是计算住宅平面系数的基础。该系数的计算公式为:

住宅平面系数=房间使用面积/建筑面积

⑤建筑面积是计算单方造价、单方人工及材料消耗量的基础。相关计算公式为：

单位面积工程造价=工程造价/建筑面积

单位面积人工消耗量=建筑工程人工总消耗量/建筑面积

单位面积材料消耗量=建筑工程材料总消耗量/建筑面积

⑥建筑面积是选择概算指标和编制概算的主要依据。概算指标通常以建筑面积为计量单位,因此通过它编制概算时,要以建筑面积为基础。

3)建筑面积计算规则(GB/T 50353—2013)

本定额建筑面积计算规则,执行 2013 年国家标准《建筑工程建筑面积计算规范》(GB/T 50353—2013)(以下简称《规范》)。本定额仅列出《规范》中"计算建筑面积的规定"内容,其他未列出内容详见规范。

(1)建筑面积计算规则

①建筑物的建筑面积应按自然层外墙结构外围水平面积之和计算。结构层高在 2.20 m 及以上的,应计算全面积;结构层高在 2.20 m 以下的,应计算 1/2 面积。

②当外墙结构本身在一个层高范围内不等厚时(不包括勒脚,外墙结构在该层高范围内材质不变),以楼地面结构标高处的外围水平面积计算,如图 2.3.1 所示。

③下部为砌体(高度为 h,上部为彩钢板围护的建筑物(俗称"轻钢厂房"),其建筑面积的计算方法如下:

a.当 h 在 0.45 m 以下时,按彩钢板外围水平面积计算。

b.当 h 在 0.45 m 及以上时,按下部砌体外围水平面积计算。如图 2.3.2 所示为单层建筑示意图。

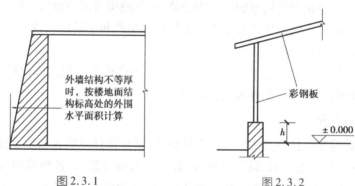

图 2.3.1　　　　　　　图 2.3.2

④建筑物内设有局部楼层时,对于局部楼层的二层及以上楼层,有围护结构的应按其围护结构外围水平面积计算,无围护结构的应按其结构底板水平面积计算,如图 2.3.3 所示。结构层高在 2.20 m 及以上的,应计算全面积,结构层高在 2.20 m 以下的,应计算 1/2 面积。

建筑面积 $S=AB+ab$

⑤形成建筑空间的坡屋顶,结构净高在 2.10 m 及以上的部位应计算全面积;结构净高在 1.20 m 及以上至 2.10 m 以下的部位应计算 1/2 面积;结构净高在 1.20 m 以下的部位不应计算建筑面积,如图 2.3.4 所示。

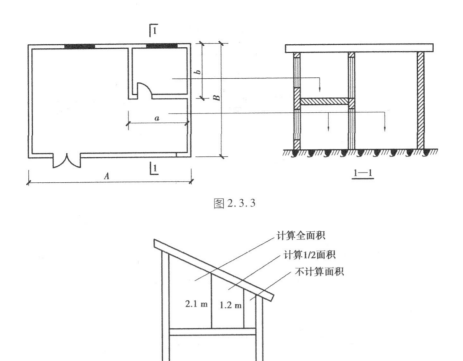

图 2.3.3

图 2.3.4

⑥场馆看台下的建筑空间,结构净高在 2.10 m 及以上的部位应计算全面积;结构净高在 1.20 m 及以上至 2.10 m 以下的部位应计算 1/2 面积;结构净高在 1.20 m 以下的部位不应计算建筑面积。室内单独设置的有围护设施的悬挑看台,应按看台结构底板水平投影面积计算建筑面积。有顶盖无围护结构的场馆看台应按其顶盖水平投影面积的 1/2 计算面积。某建筑物场馆看台如图 2.3.5 所示。

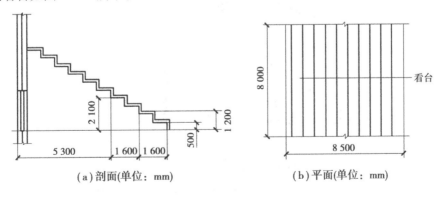

(a)剖面(单位:mm)   (b)平面(单位:mm)

图 2.3.5

⑦地下室、半地下室应按其结构外围水平面积计算。结构层高在 2.20 m 及以上的,应计算全面积;结构层高在 2.20 m 以下的,应计算 1/2 面积。

⑧出入口外墙外侧坡道有顶盖的部位,应按其外墙结构外围水平面积的 1/2 计算面积。某地下室出入口如图 2.3.6 所示。

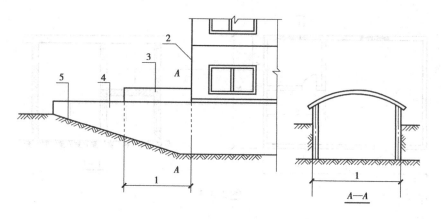

图 2.3.6

⑨建筑物架空层及坡地建筑物吊脚架空层,应按其顶板水平投影计算建筑面积。结构层高在 2.20 m 及以上的,应计算全面积;结构层高在 2.20 m 以下的,应计算 1/2 面积。某吊脚架空层尺寸如图 2.3.7 所示。

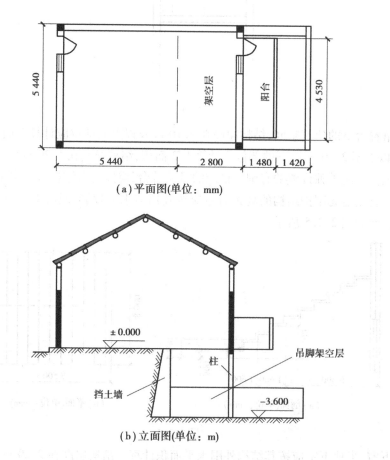

(a)平面图(单位:mm)

(b)立面图(单位:m)

图 2.3.7

⑩建筑物的门厅、大厅应按一层计算建筑面积,门厅、大厅内设置的走廊应按走廊结构底板水平投影面积计算建筑面积。建筑物内回廊示意图如图 2.3.8 所示。结构层高在 2.20 m 及以上的,应计算全面积;结构层高在 2.20 m 以下的,应计算 1/2 面积。

门厅面积计算公式为 $S=ab+2bL+(a-2L)L$

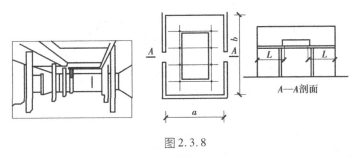

图 2.3.8

⑪建筑物间的架空走廊,有顶盖和围护结构的(图 2.3.9),应按其围护结构外围水平面积计算全面积;无围护结构、有围护设施的(图 2.3.10),应按其结构底板水平投影面积计算 1/2 面积。

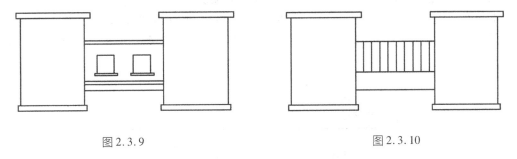

图 2.3.9   图 2.3.10

⑫立体书库、立体仓库、立体车库,有围护结构的,应按其围护结构外围水平面积计算建筑面积;无围护结构、有围护设施的,应按其结构底板水平投影面积计算建筑面积。无结构层的应按一层计算,有结构层的应按其结构层面积分别计算。结构层高在 2.20 m 及以上的,应计算全面积;结构层高在 2.20 m 以下的,应计算 1/2 面积。

⑬有围护结构的舞台灯光控制室,应按其围护结构外围水平面积计算。结构层高在 2.20 m 及以上的,应计算全面积;结构层高在 2.20 m 以下的,应计算 1/2 面积。

⑭附属在建筑物外墙的落地橱窗,应按其围护结构外围水平面积计算。结构层高在 2.20 m 及以上的,应计算全面积;结构层高在 2.20 m 以下的,应计算 1/2 面积。

⑮窗台与室内楼地面高差在 0.45 m 以下且结构净高在 2.10 m 及以上的凸(飘)窗,应按其围护结构外围水平面积计算 1/2 面积。

⑯有围护设施的室外走廊(挑廊),应按其结构底板水平投影面积计算 1/2 面积;有围护设施(或柱)的檐廊,应按其围护设施(或柱)外围水平面积计算 1/2 面积。有顶盖的挑廊、走廊、檐廊如图 2.3.11 所示。

a.室外走廊(包括挑廊)、檐廊都是室外水平交通空间。其中挑廊是悬挑的水平交通空间;檐廊是底层的水平交通空间,由屋檐或挑檐作为顶盖,且一般有柱或栏杆、栏板等。底层无围护设施但有柱的室外走廊可参照檐廊的规则计算建筑面积。

b.无论哪一种廊,除了必须有地面结构,还必须有栏杆、栏板等围护设施或柱,这两个条件缺一不可,缺少任何一个条件都不计算建筑面积。

c.室外走廊(挑廊)、檐廊虽然都算 1/2 面积,但取定的计算部位不同:室外走廊(挑廊)按结构底板计算,檐廊按围护设施(或柱)外围计算。

图 2.3.11

⑰门斗应按其围护结构外围水平面积计算建筑面积,结构层高在 2.20 m 及以上的,应计算全面积,结构层高在 2.20 m 以下的,应计算 1/2 面积。

⑱门廊应按其顶板的水平投影面积的 1/2 计算建筑面积;有柱雨篷应按其结构板水平投影面积的 1/2 计算建筑面积;无柱雨篷的结构外边线至外墙结构外边线的宽度在 2.10 m 及以上的,应按雨篷结构板的水平投影面积的 1/2 计算建筑面积。

⑲设在建筑物顶部的、有围护结构的楼梯间、水箱间、电梯机房等,结构层高在 2.20m 及以上的应计算全面积;结构层高在 2.20m 以下的,应计算 1/2 面积。电梯机房及水箱间示意图如图 2.3.12 所示。

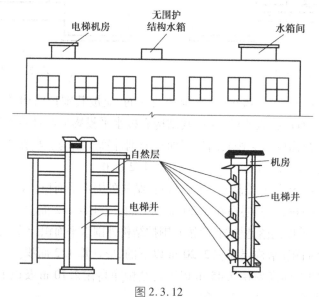

图 2.3.12

⑳围护结构不垂直于水平面的楼层,应按其底板面的外墙外围水平面积计算。结构净高在 2.10 m 以上的部位,应计算全面积;结构净高在 1.20 m 以上至 2.10 m 以下的部位,应计算 1/2 面积;结构净高在 1.20 m 以下的部位,不应计算建筑面积。围护结构不垂直示意图如图 2.3.13 所示。

㉑建筑物的室内楼梯(图 2.3.14)、电梯井(图 2.3.15)、提物井、管道井、通风排气竖井、烟道,应并入建筑物的自然层计算建筑面积。有顶盖的采光井应按一层计算面积,结构净高在 2.10 m 以上的,应计算全面积;结构净高在 2.10 m 以下的,应计算 1/2 面积。

a.上述规范的"室内楼梯",包括了形成井道的楼梯(即室内楼梯间)和没有形成井道的楼梯(即室内楼梯),明确了没有形成井道的室内楼梯也应该计算建筑面积。例如,建筑物大堂内的楼梯、跃层(或复式)住宅的室内楼梯等应计算建筑面积。

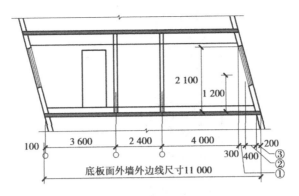

图 2.3.13

1—计算 1/2 面积；②—不计算建筑面积；③—计算全面积

b. 跃层和复式房屋的室内公共楼梯间，对跃层房屋，按两个自然层计算，对复式房屋，按一个自然层计算。

c. 当室内公共楼梯间两侧自然层数不同时，以楼层多的层数计算。

d. 设备管道层，尽管通常在设计描述的层数中不包括，但在计算楼梯间建筑面积时，应算一个自然层。

e. 利用室内楼梯下部的建筑空间，不重复计算建筑面积。例如，利用梯段下方做卫生间或库房时，该卫生间或库房不另计算建筑面积。

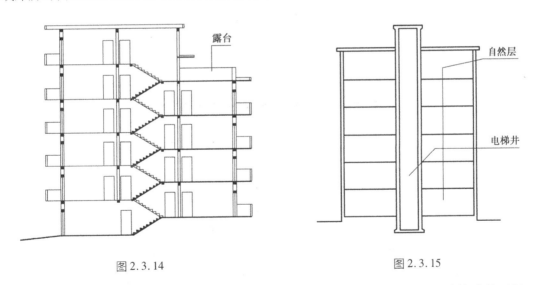

图 2.3.14　　　　　　　　　　　　　　　　图 2.3.15

㉒室外楼梯应并入所依附建筑物自然层，并应按其水平投影面积的 1/2 计算建筑面积。

㉓在主体结构内的阳台，应按其结构外围水平面积计算全面积；在主体结构外的阳台，应按其结构底板水平投影面积计算 1/2 面积。

㉔有顶盖无围护结构的车棚、货棚、站台、加油站、收费站等，应按其顶盖水平投影面积的 1/2 计算建筑面积。

㉕以幕墙作为围护结构的建筑物，应按幕墙外边线计算建筑面积。

㉖建筑物的外墙外保温层（图 2.3.16），应按其保温材料的水平截面积计算，并计入自然层建筑面积，但不包括抗裂砂浆、界面砂浆的截面积。

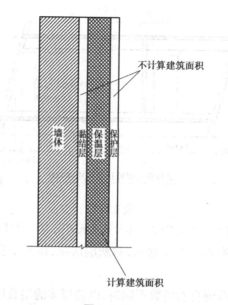

图 2.3.16

㉗与室内相通的变形缝,应按其自然层合并在建筑物建筑面积内计算。对于高低联跨的建筑物(图 2.3.17),当高低跨内部连通时,其变形缝应计算在低跨面积内。而与室内不相通的变形缝,不计算建筑面积,如图 2.3.18 所示。

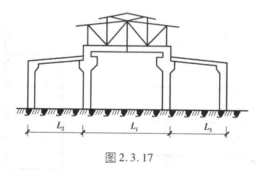

图 2.3.17

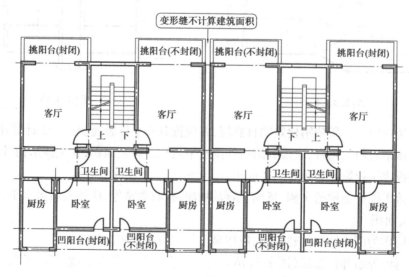

图 2.3.18

㉘对于建筑物内的设备层、管道层、避难层等有结构层的楼层,结构层高在 2.20m 及以上的,应计算全面积;结构层高在 2.20m 以下的,应计算 1/2 面积。

㉙下列项目不应计算建筑面积(图 2.3.19):

a. 与建筑物内不相连通的建筑部件;

b. 骑楼、过街楼底层的开放公共空间和建筑物通道;

c. 舞台及后台悬挂幕布和布景的天桥、挑台等;

d. 露台、露天游泳池、花架、屋顶的水箱及装饰性结构构件;

e. 建筑物内的操作平台、上料平台、安装箱和罐体的平台;

f. 勒脚、附墙柱、垛、台阶、墙面抹灰、装饰面、镶贴块料面层、装饰性幕墙,主体结构外的空调室外机搁板(箱)、构件、配件,挑出宽度在 2.10 m 以下的无柱雨篷和顶盖高度达到或超过两个楼层的无柱雨篷;结构柱应计算建筑面积,不计算建筑面积的"附墙柱"是指非结构性装饰柱。

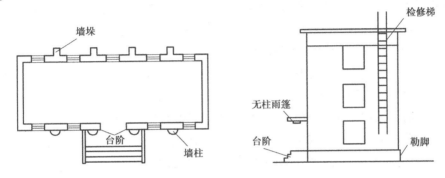

图 2.3.19

g. 窗台与室内地面高差在 0.45 m 以下且结构净高在 2.10 m 以下的凸(飘)窗,窗台与室内地面高差在 0.45 m 及以上的凸(飘)窗;

h. 室外爬梯、室外专用消防钢楼梯;

i. 无围护结构的观光电梯;

j. 建筑物以外的地下人防通道,独立的烟囱、烟道、地沟、油(水)罐、气柜、水塔、贮油(水)池、贮仓、栈桥等构筑物。

任务 2.4　建筑专业工程计量方法

通过本任务的学习,你将能够:

(1)根据项目信息拟定正确的计算顺序;

(2)根据项目信息及依据正确计算建筑专业工程量。

2.4.1　建筑专业工程量计算顺序

为了避免漏算或重算,提高计算的准确程度,工程量的计算应按照一定的顺序进行。具体的计算顺序应根据具体工程和个人习惯来确定,一般有以下两种顺序。

1) 单位工程计算顺序

一个单位工程,其工程量计算顺序一般有以下 4 种。

①按图纸顺序计算。根据图纸排列的先后顺序,由建筑施工图到结构施工图;每个专业图纸由前向后,按"先平面再立面→再剖面;先基本图再详图"的顺序计算。

②按消耗量定额的分部分项顺序计算。按消耗量定额的章、节、子目次序,由前向后,逐项对照,定额项与图纸设计内容能对上号时就计算。

③按工程量计算规范顺序计算。按工程量计算规范附录先后顺序,由前向后,逐项对照计算。

④按施工顺序计算。按施工顺序计算工程量,可以按先施工的先算,后施工的后算的方法进行。如:由平整场地、基础挖土方开始算起,直到装饰工程等全部施工内容结束。

2) 单个分部分项工程计算顺序

①按照顺时针方向计算法,即先从平面图的左上角开始,自左至右,然后再由上而下,最后转回到左上角为止,这样按顺时针方向转圈依次进行计算。例如,计算外墙、地面、天棚等分部分项工程,都可以按照此顺序进行计算。

②按"先横后竖、先上后下、先左后右"计算法,即在平面图上从左上角开始,按"先横后竖、从上而下、自左到右"的顺序计算工程量。例如,房屋的条形基础土方,砖石基础、破墙砌筑、门窗过梁、墙面抹灰等分部分项工程,均可按这种顺序计算工程量。

③按图纸分项编号顺序计算法,即按照图纸上所标注结构构件、配件的编号顺序进行计算。例如,计算混凝土构件、门窗、屋架等分部分项工程,均可以按照此顺序计算。

④按照图纸上定位编号计算,对于结构复杂的工程,为了处理和实施方程量计算顺序。例如,某房屋一层墙体、抹灰分片,可以根据施工图纸轴线编号来进行工程量计算。A 轴上,①～③轴,③～④按一定顺序计算工程量的目的是防止漏项少算或重复多算的现象发生,只要能达到这一目的,采用哪种顺序方法计算都可以。

2.4.2 建筑专业工程量计算规则及依据

1) 工程量计算规则

工程量计算规则是工程计量的主要依据之一,是工程量数值的取定方法。采用的规范或定额不同,工程量计算规则也不尽相同,在计算工程量时,应按照规定的计算规则进行。我国现行的工程量计算规则主要有以下 2 种规则。

工程量计算规范中的工程量计算规则。2012 年 12 月,住房和城乡建设部发布了《房屋建筑与装饰工程工程量计算规范》GB 50854—2013、《仿古建筑工程工程量计算规范》GB 50855—2013、《通用安装工程工程量计算规范》GB 50856—2013、《市政工程工程量计算规范》GB 50857—2013、《园林绿化工程工程量计算规范》(GB 50858—2013)、《矿山工程工程量计算规范》(GB 50859—2013)、《构筑物工程工程量计算规范》(GB 50860—2013)、《城市轨道交通工程工程量计算规范)(GB 50861—2013)、《爆破工程工程量计算规范)(GB 50862—2013)等九个专业的工程量计算规范(以下简称工程量计算规范)于 2013 年 7 月 1 日起实施,用于规范工程计量行为,统一各专业工程量清单的编制、项目设置和工程量计算规则。采用该工程量计算规则计算的工程量一般为施工图纸的净量,不考虑施工余量。

消耗量定额中的工程量计算规则。2015年3月,住房和城乡建设部发布《房屋建筑与装饰工程消耗量定额》TY01-81-2015、《通用安装工程消耗量定额》TY 02-31-2015、《市政工程消耗量定额》ZYA1-31-2015(以下简称消耗量定额),在各消耗量定额中规定了分部分项工程和措施项目的工程量计算规则。除了由住房和城乡建设部统一发布的定额,还有各个地方或行业发布的消耗量定额,其中也都规定了与之相对应的工程量计算规则。采用该计算规则计算工程量除了依据施工图纸,一般还要考虑采用施工方法和施工余量。除了消耗量定额,其他定额中也都有相应的工程量计算规则,如概算定额、预算定额等。

2)工程量计算的依据

工程量的计算需要根据施工图及其相关说明,技术规范、标准、定额,有关的图集,有关的计算手册等,按照一定的工程量计算规则逐项进行的。主要依据如下:

①国家发布的工程量计算规范和国家、地方和行业发布的消耗量定额及其工程量计算规则。

②经审定的施工设计图纸及其说明。施工图纸全面反映建筑物(或构筑物)的结构构造、各部位的尺寸及工程做法,是工程量计算的基础资料和基本依据。除了施工设计图纸及其说明,还应配合有关的标准图集进行工程量计算。

③经审定的施工组织设计(项目管理实施规划)或施工方案。施工图纸主要表现拟建工程的实体项目,分项工程的具体施工方法及措施应按施工组织设计(项目管理实施规划)或施工方案确定。如计算挖基础土方,施工方法是采用人工开挖,还是采用机械开挖,基坑周围是否需要放坡、预留工作面或做支撑防护等,应以施工方案为计算依据。

④经审定通过的其他有关技术经济文件。如工程施工合同、招标文件的商务条款等。

3)建筑专业工程量主要依据

(1)工程量含义

工程量是指按建筑工程量计算规则计算以自然计量单位或物理计量单位所表示各分部分项工程、措施项目或结构构件的数量。物理计量单位是指以度量表示的长度、面积、体积和质量等计量单位;自然计量单位是指建筑成品表现在自然状态下的简单点数所表示的个、根、樘、套等计量单位。本书采用《重庆市房屋建筑与装饰工程计价定额》(CQJZZSDE—2018)定额。

(2)工程量计算的主要依据

①施工图纸及设计说明、相关图集、设计变更资料、图纸答疑和会审记录等;

②经审定的施工组织设计或施工方案;

③招标文件的商务条款、工程施工合同;

④国家或地方、行业发布的计算规范、定额及工程量计算规则;

⑤施工现场签证及收方记录。

(3)工程量计算时有效位数规定

①以"t、km"为单位,应保留小数点后三位数字,第四位小数四舍五入;

②以"m、m²、m³、kg"为单位,应保留小数点后两位数字,第三位小数四舍五入;

③以"个、件、根、组、系统、台、套、株、丛、缸、支、只、块、座、对、份、樘、攒、榀"为单位,应取

整数。

2.4.3 土石方工程(0101)

1)一般说明

①土壤及岩石定额子目,均按天然密实体积编制。

②人工及机械土方定额子目是按不同土壤类别综合考虑的,实际土壤类别不同时不作调整;岩石按照不同分类按相应定额子目执行,岩石分类详见表2.4.1。

表 2.4.1

名称	代表性岩石	岩石单轴饱和抗压强度(MPa)	开挖方法
软质岩	1. 全风化的各种岩石; 2. 各种半成岩; 3. 强风化的坚硬岩; 4. 弱风化~强风化的较坚硬岩; 5. 未风化的泥岩等; 6. 未风化~微风化的:凝灰岩、千枚岩、砂质泥岩、泥灰岩、粉砂岩、页岩等	<30	用手凿工具、风镐、机械凿打及爆破法开挖
较硬岩	1. 弱风化的坚硬岩; 2. 未风化~微风化的:熔结凝灰岩、大理岩、板岩、白云岩、石灰岩、钙质胶结的砂岩等	30~60	用机械切割、水磨钻机、机械凿打及爆破法开挖
坚硬岩	未风化~微风化的:花岗岩、正长岩、闪长岩、辉绿岩、玄武岩、安山岩、片麻岩、石英片岩、硅质板岩、石英岩、硅质胶结的砾岩、石英砂岩、硅质石灰岩等	>60	用机械切割、水磨钻机及爆破法开挖

注:①软质岩综合了极软岩、软岩、较软岩;
②岩石分类按代表性岩石的开挖方法或者岩石单轴饱和抗压强度确定,满足其中之一即可。

③干、湿土的划分以地下常水位进行划分,常水位以上为干土、以下为湿土;地表水排出后,土壤含水率<25%为干土,含水率≥25%为湿土。

④淤泥指池塘、沼泽、水田及沟坑等呈膏质(流动或稀软)状态的土壤,分粘性淤泥与不粘附工具的砂性淤泥。流砂指含水饱和,因受地下水影响而呈流动状态的粉砂土、亚砂土。

⑤凡设计图示槽底宽(不含加宽工作面)在7 m以内,且槽底长大于底宽三倍以上者,执行沟槽项目;凡长边小于短边三倍者,且底面积(不含加宽工作面)在150 m²以内,执行基坑定额子目;除上述规定外执行一般土石方定额子目。

⑥松土是未经碾压,堆积时间不超过一年的土壤。

⑦土方天然密实体积、夯实后体积、松填体积和虚方体积,按表2.4.2所列值换算。

表 2.4.2

天然密实体积	夯实后体积	松填体积	虚方体积
1.00	0.87	1.08	1.30

注:本表适用于计算挖填平衡工程量。

⑧石方体积折算时,按表 2.4.3 所列值换算。

表 2.4.3

石方类别	天然密实体积	夯实后体积	松填体积	虚方体积
石方	1	1.18	1.31	1.54
块石	1		1.43	1.75
砂夹石	1		1.05	1.07

⑨本章未包括有地下水时施工的排水费用,发生时按实计算。

⑩平整场地系指平整至设计标高后,在±300 mm 以内的局部就地挖、填、找平;挖填土石方厚度>±300 mm 时,全部厚度按照一般土石方相应规定计算。场地厚度在±300 mm 以内的全挖、全填土石方,按挖、填一般土石方相应定额子目乘以系数 1.3。

2)人工土石方

①人工土方定额子目是按干土编制的,如挖湿土时,人工乘以系数 1.18。

②人工平基挖土石方定额子目是按深度 1.5 m 以内编制,深度超过 1.5 m 时,按表 2.4.4 增加工日。

表 2.4.4

类别	深 2 m 以内	深 4 m 以内	深 6 m 以内
土方	2.1	11.78	21.38
石方	2.5	13.90	25.21

③人工挖沟槽、基坑土方,深度超过 8 m 时,按 8 m 相应定额子目乘以系数 1..20;超过 10 m 时,按 8 m 相应定额子目乘以系数 1.5。

④人工凿沟槽、基坑石方,深度超过 8 m 时,按 8 m 相应定额子目乘以系数 1.20;超过 10 m 时,按 8 m 相应定额子目乘以系数 1.5。

⑤人工挖基坑,深度超过 8 m 时,断面小于 2.5 m² 时执行挖孔桩定额子目,断面大于 2.5 m² 并小于 5 m² 时执行挖孔桩定额子目乘以系数 0.9。

⑥人工挖沟槽、基坑淤泥、流砂按土方相应定额子目乘以系数 1.4。

⑦在挡土板支撑下挖土方,按相应定额子目人工乘以系数 1.43。

⑧人工平基、沟槽、基坑石方的定额子目已综合各种施工工艺(包括人工凿打、风镐、水钻、切割),实际施工不同时不作调整。

⑨人工凿打混凝土构件时,按相应人工凿较硬岩定额子目执行;凿打钢筋混凝土构件时,

按相应人工凿较硬岩定额子目乘以系数 1.8。

⑩人工垂直运输土石方时,垂直高度每 1 m 折合 10 m 水平运距计算。

⑪人工级配碎石土按外购材料考虑,利用现场开挖土石方作为碎石土回填时,若设计明确要求粒径需另行增加岩石解小的费用,按人工或机械凿打岩石相应定额乘以系数 0.25。

⑫挖沟槽、基坑上层土方深度超过 3 m 时,其下层石方按表 2.4.5 增加工日。

表 2.4.5　　　　　　　　　　　　　　　　　　　单位:100 m³

土方深度(m 以内)	4	6	8
增加工日	0.67	0.99	1.32

3)机械土石方

①机械土石方项目是按各类机型综合编制的,实际施工不同时不作调整。

②土石方工程的全程运距,按以下规定计算确定:

a. 土石方场外全程运距按挖方区重心至弃方区重心之间的可以行驶的最短距离计算。

b. 土石方场内调配运输距离按挖方区重心至填方区重心之间循环路线的二分之一计算。

③人装(机装)机械运土、石渣定额项目中不包括开挖土石方的工作内容。

④机械挖运土方定额子目是按干土编制的,如挖、运湿土时,相应定额子目人工、机械乘以系数 1.15。采用降水措施后,机械挖、运土不再乘以系数。

⑤机械开挖、运输淤泥、流砂时,按相应机械挖、运土方定额子目乘以系数 1.4。

⑥机械作业的坡度因素已综合在定额内,坡度不同时不作调整。

⑦机械不能施工的死角等部分需采用人工开挖时,应按设计或施工组织设计规定计算,如无规定时,按表 2.4.6 计算。

表 2.4.6

挖土石方工程量(m³)	1 万以内	5 万以内	10 万以内	50 万以内	100 万以内	100 万以上
占挖土石方工程量(%)	8	5	3	2	1	0.6

注:所列工程量系指一个独立的施工组织设计所规定范围的挖方总量。

⑧机械不能施工的死角等土石方部分,按相应的人工挖土定额子目乘以系数 1.5;人工凿石定额子目乘以系数 1.2。

⑨机械碾压回填土石方,是以密实度达到 85% ~90% 编制的。如 90% <设计密实度≤95% 时,按相应机械回填碾压土石方相应定额子目乘以系数 1.4;如设计密实度大于 95% 时,按相应机械回填碾压土石方相应定额子目乘以系数 1.6。回填土石方压实定额子目中,已综合了所需的水和洒水车台班及人工。

⑩机械在垫板上作业时,按相应定额子目人工和机械乘以系数 1.25,搭拆垫板的人工、材料和辅助机械费用按实计算。

⑪开挖回填区及堆积区的土石方按照土夹石考虑。机械运输土夹石按照机械运输土方相应定额子目乘以系数 1.2。

⑫机械挖沟槽、基坑土石方，深度超过 8 m 时，其超过部分按 8 m 相应定额子目乘以系数 1.20，超过 10 m 时，其超过部分按 8 m 相应定额子目乘以系数 1.5。

⑬机械进入施工作业面，上下坡道增加的土石方工程量并入相应定额子目工程量内。

⑭机械凿打平基、槽(坑)石方，施工组织设计(方案)采用人工摊座或者上面有结构物的，应计算人工摊座费用，执行人工摊座相应定额子目乘以系数 0.6。

⑮机械挖混凝土、钢筋混凝土执行机械挖石渣相应定额子目。

⑯机械挖运土方及机械挖运石渣定额项目适用于平基土石方的挖运，人工装或机械装机械运土方及人工装或机械装机械运石渣定额项目适用于松土或石渣的装运。

⑰石方工程采用勾机施工时，按机械凿打软质岩定额项目执行，其中定额人工费和定额机械费乘以系数 0.70。

4) 工程量计算规则

(1) 土石方工程

①平整场地工程量按设计图示尺寸以建筑物首层建筑面积计算。建筑物地下室结构外边线突出首层结构外边线时，其突出部分的建筑面积合并计算。

②土石方的开挖、运输，均按开挖前的天然密实体积以"m³"计算。

③挖土石方：

a.挖一般土石方工程量按设计图示尺寸体积加放坡工程量计算。

b.挖沟槽、基坑土石方工程量，按设计图示尺寸以基础或垫层底面积乘以挖土深度加工作面及放坡工程量以"m³"计算。

c.开挖深度按图示槽、坑底面至自然地面(场地平整的按平整后的标高)高度计算。

d.人工挖沟槽、基坑如在同一沟槽、基坑内，有土有石时，按其土层与岩石不同深度分别计算工程量，按土层与岩石对应深度执行相应定额子目。

e.挖淤泥、流砂工程量按设计图示位置、界限以"m³"计算。

f.挖一般土方、沟槽、基坑土方放坡应根据设计或批准的施工组织设计要求的放坡系数计算。如设计或批准的施工组织设计无规定时，放坡系数按表 2.4.7 规定计算；石方放坡应根据设计或批准的施工组织设计要求的放坡系数计算。

表 2.4.7

人工挖土	机械开挖土方	放坡起点深度(m)	
土方	在沟槽、坑底	在沟槽、坑边	土方
01 : 00.3	01 : 00.3	01 : 00.7	1.5

④计算土方放坡时，在交接处所产生的重复工程量不予扣除。

⑤挖沟槽、基坑土方垫层为原槽浇筑时，加宽工作面从基础外缘边起算；垫层浇筑需支模时，加宽工作面从垫层外缘边起算。

a.如放坡处重复量过大，其计算总量等于或大于大开挖方量时，应按大开挖规定计算土方工程量。

b.槽、坑土方开挖支挡土板时，土方放坡不另行计算。

⑥沟槽、基坑工作面宽度按设计规定计算,如无设计规定时,按表2.4.8计算。

表2.4.8

建筑工程		构筑物	
基础材料	每侧工作面宽(mm)	无防潮层(mm)	有防潮层(mm)
砖基础	200		
浆砌条石、块(片)石	250		
混凝土基础支模板者	400	400	600
混凝土垫层支模板者	150		
基础垂面做砂浆防潮层	400(自防潮层面)		
基础垂面做防水防腐层	1000(自防水防腐层)		
支挡土板100(另加)			

⑦外墙基槽长度按图示中心线长度计算,内墙基槽长度按槽底净长计算,其突出部分的体积并入基槽工程量计算。

⑧人工摊座和修整边坡工程量,以设计规定需摊座和修整边坡的面积以"m²"计算。

(2)回填

①场地(含地下室顶板以上)回填:回填面积乘以平均回填厚度以"m³"计算。

②室内地坪回填:主墙间面积(不扣除间隔墙,扣除连续底面积2m²以上的设备基础等面积)乘以回填厚度以"m³"计算。

③沟槽、基坑回填:挖方体积减自然地坪以下埋设的基础体积(包括基础、垫层及其他构筑物)。

④场地原土碾压,按图示尺寸以"m²"计算。

(3)余方工程量

按下式计算:

余方运输体积=挖方体积-回填方体积(折合天然密实体积),总体积为正,则为余土外运;总体积为负,则为取土内运。

2.4.4 地基处理、边坡支护工程(0102)

1)一般说明

强夯地基:

①强夯加固地基是指在天然地基上或在填土地基上进行作业。本定额子目不包括强夯前的试夯工作费用,如设计要求试夯,另行计算。

②地基强夯需要用外来土(石)填坑,另按相应定额子目执行。

③"每一遍夯击次数"指夯击机械在一个点位上不移位连续夯击的次数。当要求夯击面积范围内的所有点位夯击完成后,即完成一遍夯击;如需要再次夯击,则应再次根据一遍的夯击次数套用相应子目。

④本节地基强夯项目按专用强夯机械编制，如采用其他非专用机械进行强夯，则应换为非专用机械，但机械消耗量不作调整。

⑤强夯工程量应区分不同夯击能量和夯点密度，按设计图示夯击范围及夯击遍数分别计算。

锚杆（锚索）工程：

①钻孔锚杆孔径是按照150 mm内编制的，孔径大于150 mm时执行市政定额相应子目。

②钻孔锚杆（索）的单位工程量小于500 m时，其相应定额子目人工、机械乘以系数1.1。

③钻孔锚杆（索）单孔深度大于20 m时，其相应定额子目人工、机械乘以系数1.2；深度大于30 m时，其相应定额子目人工、机械乘以系数1.3。

④钻孔锚杆（索）、喷射混凝土、水泥砂浆项目如需搭设脚手架，按单项脚手架相应定额子目乘以系数1.4。

⑤钻孔锚杆（索）土层与岩层孔壁出现裂隙、空洞等严重漏浆情况时，采取补救措施的费用按实计算。

⑥钻孔锚杆（索）的砂浆配合比与设计规定不同时，可以换算。

⑦预应力锚杆套用锚具安装定额子目时，应扣除导向帽、承压板、压板的消耗量。

⑧钻孔锚杆土层项目中未考虑土层塌孔采用水泥砂浆护壁的工料，发生时按实计算。

⑨土钉、砂浆锚钉定额子目的钢筋直径按22 mm编制，如设计与定额用量不同时，允许调整钢筋耗量。

挡土板：

①支挡土板定额子目是按密撑和撑疏钢支撑综合编制的，实际间距及支撑材质不同时，不作调整。

②支挡土板定额子目是按槽、坑两侧同时支撑挡土板编制的，如一侧支挡土板时，按相应定额子目人工乘以系数1.33。

2）工程量计算规则

（1）地基处理

强夯地基：按设计图示处理范围以"m²"计算。

（2）基坑与边坡支护

①砂浆锚钉。

按照设计图示钻孔深度以"m"计算。

②锚杆（锚索）工程。

a.锚杆（索）钻孔根据设计要求，按实际钻孔土层和岩层深度以"延长米"计算。

b.当设计图示中已明确锚固长度时，锚索按设计图示长度以"t"计算；若设计图示中未明确锚固长度时，锚索按设计图示长度另加1 000 mm以"t"计算。

c.非预应力锚杆根据设计要求，按实际锚固长度（包括至护坡内的长度）以"t"计算。当设计图示中已明确预应力锚杆的锚固长度时，预应力锚杆按设计图示长度以"t"计算；若设计图示中未明确预应力锚杆的锚固长度时，预应力锚杆按设计图示长度另加600 mm以"t"计算。

d.锚具安装按设计图示数量以"套"计算。

e. 锚孔注浆土层按设计图示孔径加 20mm 充盈量,岩层按设计图示孔径以"m³"计算。

f. 土钉按设计图示钉入土层的深度以"m"计算。

(a)喷射混凝土按设计图示面积以"m²"计算。

(b)挡土板按槽、坑垂直的支撑面积以"m²"计算。如一侧支撑挡土板时,按一侧的支撑面积计算工程量。

支挡板工程量和放坡工程量不得重复计算。

2.4.5 桩基工程(0103)

1)说明

①机械钻孔时,若出现垮塌、流砂、二次成孔、排水、钢筋混凝土无法成孔等情况而采取的各项施工措施所发生的费用,按实计算。

②桩基础成孔定额子目中未包括泥浆池的工料、废泥浆处理及外运运输费用,发生时按实计算。

③灌注混凝土桩的混凝土充盈量已包括在定额子目内,若出现垮塌、漏浆等另行计算。

④本章定额子目中未包括钻机进出场费用。

⑤人工挖孔桩石方定额子目已综合各种施工工艺(包括人工凿打、风镐、水钻),实际施工不同时不作调整。

⑥人工挖孔桩挖土石方定额子目未考虑边排水边施工的工效损失,如遇边排水边施工时,抽水机台班和排水用工按实签证,挖孔人工按相应挖孔桩土方定额子目人工乘以系数1.3,石方定额子目人工乘以系数1.2。

⑦人工挖孔桩挖土方如遇流砂、淤泥,应根据双方签证的实际数量,按相应深度土方定额子目乘以系数1.5。

⑧人工挖孔桩孔径(含护壁)是按1 m以上综合编制的,孔径≤1 m时,按相应定额子目人工乘以系数1.2。

⑨挖孔桩上层土方深度超过3 m时,其下层石方按表2.4.9增加工日。

表 2.4.9

土方深度(mm)	4	6	8	10	12	16	20	24	28
增加工日	0.67	0.99	1.32	1.76	2.21	2.98	3.86	4.74	5.62

⑩本章钢筋笼、铁件制安按混凝土及钢筋混凝土工程章节中相应定额子目执行。

⑪灌注桩外露部分混凝土模板按混凝土及钢筋混凝土工程章节中相应柱模板定额子目乘以系数0.85。

⑫埋设钢护筒是指机械钻孔时若出现垮塌、流砂等情况而采取的施工措施,定额中钢护筒是按成品价格考虑,按摊销量计算;钢护筒无法拔出时,按实际埋入的钢护筒用量对定额用量进行调整,其余不变,如不是成品钢护筒,制作费另行计算。

⑬钢护筒定额子目中未包括拔出的费用,其拔出费用另计,按埋设钢护筒定额相应子目乘以系数0.4。

⑭机械钻孔灌注混凝土桩若同一钻孔内有土层和岩层时,应分别计算。

⑮旋挖钻机钻孔是按照干作业法编制的,若采用湿作业法钻孔,按定额缺项处理,由建设、施工、监理单位共同编制一次性补充定额。

⑯旋挖钻机钻孔定额项目中已综合考虑了钻机就位、移动和调换钻头的工作内容,该部分费用不另行计算。

2)工程量计算规则

(1)机械钻孔桩

①旋挖机械钻孔灌注桩土(石)方工程量按设计图示桩的截面积乘以桩孔中心线深度以"m³"计算;成孔深度为自然地面至桩底的深度;机械钻孔灌注桩土(石)方工程量按设计桩长以"m"计算。

②机械钻孔灌注混凝土桩(含旋挖桩)工程量按设计截面面积乘以桩长(长度加600mm)以"m³"计算。

③钢护筒工程量按长度以"m"计算;可拔出时,其混凝土工程量按钢护筒外直径计算,成孔无法拔出时,其钻孔孔径按照钢护筒外直径计算,混凝土工程量按设计桩径计算。

(2)人工挖孔桩

①截(凿)桩头按设计桩的截面积(含护壁)乘以桩头长度以"m³"计算,截(凿)桩头的弃渣费另行计算。

②人工挖孔桩土石方工程量以设计桩的截面积(含护壁)乘以桩孔中心线深度以"m³"计算。

③人工挖孔桩,如在同一桩孔内,有土有石时,按其土层与岩石不同深度分别计算工程量,执行相应定额子目。

挖孔桩深度示意图如图2.4.1所示。

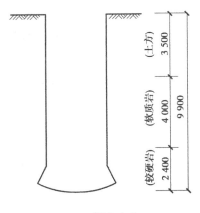

图2.4.1

a.土方按6 m内挖孔桩定额执行。

b.软质岩、较硬岩分别执行10m内人工凿软质岩、较硬岩挖孔桩相应子目。

④人工挖孔灌注桩桩芯混凝土:工程量按单根设计桩长乘以设计断面以"m³"计算。

⑤护壁模板按照模板接触面以"m²"计算。

2.4.6 砌筑工程（0104）

1）说明

（1）一般说明

①本章各种规格的标准砖、砌块和石料按常用规格编制,规格不同时不作调整。

②定额所列砌筑砂浆种类和强度等级,如设计与定额不同时,按砂浆配合比表进行换算。

③定额中各种砌体子目均未包含勾缝。

④定额中的墙体砌筑高度是按3.6 m进行编制的,如超过3.6 m时,其超过部分工程量的定额人工乘以系数1.3。

⑤定额中的墙体砌筑均按直形砌筑编制,如为弧形时,按相应定额子目人工乘以系数1.2,材料乘以系数1.03。

⑥砌体钢筋加固,执行"砌体加筋"定额子目。钢筋制作、安装用工以及钢筋损耗已包括在定额子目内,不另计算。

⑦砌体加筋采用植筋方法的钢筋并入"砌体加筋"工程量。

⑧成品烟(气)道定额子目未包含风口、风帽、止回阀,发生时执行相应定额子目。

（2）砖砌体、砌块砌体

①各种砌筑墙体,不分内、外墙、框架间墙,均按不同墙体厚度执行相应定额子目。

②基础与墙(柱)身的划分:

a.基础与墙(柱)身使用同一种材料时,以设计室内地面为界(有地下室者,以地下室室内设计地面为界),以下为基础,以上为墙(柱)身。

b.基础与墙(柱)身使用不同材料时,位于设计室内地面高度≤±300 mm时,以不同材料为分界线,高度>±300 mm时,以设计室内地面为分界线。

c.砖砌地沟不分墙基和墙身,按不同材质合并工程量套用相应定额。

d.砖围墙以设计室外地坪为界,以下为基础,以上为墙身;当内外地坪标高不同时,以其较低标高为界,以下为基础,以上为墙身。

③页岩空心砖、页岩多孔砖、混凝土空心砌块、轻质空心砌块、加气混凝土砌块等墙体所需的配砖(除底部三匹砖和顶部斜砌砖外)已综合在定额子目内,实际用量不同时不得换算;其底部三匹砖和顶部斜砌砖,执行零星砌砖定额子目。

④砖围墙材料运距按100 m以内编制,超出100 m时超出部分按实计算。

⑤围墙采用多孔砖等其他砌体材料砌筑时,按相应材质墙体子目执行,人工乘以系数1.5,砌体材料乘以系数1.07,砂浆乘以系数0.95,其余不变。

⑥贴砌砖项目适用于地下室外墙保护墙部位的贴砌砖;框架外表面的镶贴砖部分执行零星砌体项目,砂浆用量及机械耗量乘以系数1.5,其余不变。

⑦实心砖柱采用多孔砖等其他砌体材料砌筑时,按相应材质墙体子目执行,矩形砖柱人工乘以系数1.3,砌体材料乘以系数1.05,砂浆乘以系数0.95,异型砖柱人工乘以系数1.6,砌体材料乘以系数1.35,砂浆乘以系数1.15。

⑧零星砌体子目适用于小便池槽、厕所蹲台、水槽腿、垃圾箱、梯带、阳台栏杆(栏板)、花台、花池、屋顶烟囱、污水斗、锅台、架空隔热板砖墩,以及石墙的门窗立边、钢筋砖过梁、砖平

碹、宽度<300 的门垛、阳光窗或空调板上砌体或单个体积在 0.3 m³ 以内的砌体。

⑨砖砌台阶子目内不包括基础、垫层和填充部分的工料,需要时应分别计算工程量执行相应子目。

⑩基础混凝土构件如设计或经施工方案审批同意采用砖模时执行砖基础定额子目。如砖需重复利用,拆除及清理人工费另行计算。

(3)石砌体、预制块砌体

①石墙砌筑以双面露面为准,如一面露面者,执行石挡土墙、护坡相应子目。

②石基础、石勒脚、石墙的划分:基础与勒脚应以设计室外地坪为界,勒脚与墙身应以设计室内地面为界。石围墙内外地坪标高不同时,应以较低地坪标高为界,以下为基础;内外标高之差为挡土墙时,挡土墙以上为墙身。

③石踏步、梯带平台的隐蔽部分执行石基础相应子目。

(4)垫层

本章垫层子目适用于楼地面工程,如沟槽、基坑垫层执行本章相应子目时,人工乘以系数1.2,材料乘以系数1.05。

2)工程量计算规则

(1)一般规则

标准砖砌体计算厚度,按表2.4.10规定计算。

表 2.4.10

设计厚度(mm)	60	100	120	180	200	240	370
计算厚度(mm)	53	95	115	180	200	240	365

(2)砖砌体、砌块砌体

①砖基础工程量按设计图示体积以"m³"计算。

a.包括附墙垛基础宽出部分体积,扣除地梁(圈梁)、构造柱所占体积,不扣除基础大放脚 T 形接头处的重叠部分及嵌入基础内的钢筋、铁件、管道、基础砂浆防潮层和单个面积≤0.3 m² 的孔洞所占体积,靠墙暖气沟的挑檐不增加。

b.基础长度:外墙按外墙中心线计算,内墙按内墙净长线计算。

②实心砖墙、多孔砖墙、空心砖墙、砌块墙按设计图示体积以"m³"计算。扣除门窗、洞口、嵌入墙内的钢筋混凝土柱、梁、板、圈梁、挑梁、过梁及凹进墙内的壁龛、管槽、暖气槽、消火栓箱所占体积,不扣除梁头、板头、檩头、垫木、木楞头、沿缘木、木砖、门窗走头、砖墙内加固钢筋、木筋、铁件、钢管及单个面积≤0.3 m² 的孔洞所占的体积。凸出墙面的腰线、挑檐、压顶、窗台线、虎头砖、门窗套的体积亦不增加。凸出墙面的砖垛并入墙体体积内计算。

a.墙长度:外墙按中心线计算、内墙按净长线计算。

b.墙高度:

●外墙:按设计图示尺寸计算,斜(坡)屋面无檐口天棚者算至屋面板底;有屋架且室内外均有天棚者算至屋架下弦底另加200 mm;无天棚者算至屋架下弦底另加300 mm,出檐宽度超过600 mm 时按实砌高度计算;有钢筋混凝土楼板隔层者算至板顶。平屋顶算至钢筋混凝土板底。有框架梁时算至梁底。

●内墙:位于屋架下弦者,算至屋架下弦底;无屋架者算至天棚底另加 100 mm;有钢筋混凝土楼板隔层者算至楼板顶;有框架梁时算至梁底。

●女儿墙:从屋面板上表面算至女儿墙顶面(如有混凝土压顶时,算至压顶下表面)。

●内、外山墙:按其平均高度计算。

c.框架间墙:不分内外墙按墙体净体积以"m³"计算。

d.围墙:高度算至压顶上表面(如有混凝土压顶时算至压顶下表面),围墙柱并入围墙体积内。

③砖砌挖孔桩护壁及砖砌井圈按图示体积以"m³"计算。

④空花墙按设计图示尺寸以空花部分外形体积以"m³"计算,不扣除空花部分体积。

⑤砖柱按设计图示体积以"m³"计算,扣除混凝土及钢筋混凝土梁垫,扣除伸入柱内的梁头、板头所占体积。

⑥砖砌检查井、化粪池、零星砌体、砖地沟、砖烟(风)道按设计图示体积以"m³"计算。不扣除单个面积≤0.3m² 的孔洞所占的体积。

⑦砖砌台阶(不包含梯带)按设计图示尺寸水平投影面积以"m²"计算。

⑧成品烟(气)道按设计图示尺寸以"延长米"计算,风口、风帽、止回阀按个计算。

⑨砌体加筋按设计图示钢筋长度乘以单位理论质量以"t"计算。

⑩墙面勾缝按墙面垂直投影面积以"m²"计算,应扣除墙裙的抹灰面积,不扣除门窗洞口面积、抹灰腰线、门窗套所占面积,但附墙垛和门窗洞口侧壁的勾缝面积亦不增加。

⑪贴砌砖工程量按贴砌砖厚度不包括贴面砂浆层厚度乘以贴砌面积以"m³"计算。

(3)石砌体、预制块砌体

①石基础、石墙的工程量计算规则参照砖砌体、砌块砌体相应规定执行。

②石勒脚按设计图示体积以"m³"计算,扣除单个面积>0.3 m² 的孔洞所占面积;石挡土墙、石柱、石护坡、石台阶按设计图示体积以"m³"计算。

③石栏杆按设计图示体积以"m³"计算。

④石坡道按设计图示尺寸水平投影面积以"m²"计算。

⑤石踏步、石梯带按设计图示长度以"m"计算,石平台按设计图示面积以"m²"计算,踏步、梯带平台的隐蔽部分按设计图示体积以"m³"计算,执行本章基础相应子目。

⑥石检查井按设计图示体积以"m³"计算。

⑦砂石滤沟、滤层按设计图示体积以"m³"计算。

⑧条石镶面按设计图示体积以"m³"计算。

⑨石表面加工倒水扁光按设计图示长度以"m"计算;扁光、钉麻面或打钻路、整石扁光按设计图示面积以"m²"计算。

⑩勾缝、挡墙沉降缝按设计图示面积以"m²"计算。

⑪泄水孔按设计图示长度以"m"计算。

⑫预制块砌体按设计图示体积以"m³"计算。

(4)垫层

垫层按设计图示体积以"m³"计算,其中原土夯入碎石按设计图示面积以"m²"计算。

2.4.7　混凝土及钢筋混凝土工程(0105)(0117)

1)说明

(1)混凝土

①现浇混凝土分为自拌混凝土和商品混凝土。自拌混凝土子目包括:筛砂子、冲洗石子、后台运输、搅拌、前台运输、清理、润湿模板、浇筑、捣固、养护。商品混凝土子目只包含:清理、润湿模板、浇筑、捣固、养护。

②预制混凝土子目包括预制厂(场)内构件转运、堆码等工作内容。

③预制混凝土构件适用于加工厂预制和施工现场预制,预制混凝土按自拌混凝土编制,采用商品混凝土时,按相应定额执行并作以下调整:

a.人工费按相应子目乘以系数0.44,并扣除子目中的机械费。

b.取消子目中自拌混凝土及消耗量,增加商品混凝土消耗量10.15 m³。

④本章块(片)石混凝土的块(片)石用量是按15%的掺入量编制的,设计掺入量不同时,混凝土及块(片)石用量允许调整,但人工、机械不作调整。

⑤自拌混凝土按常用强度等级考虑,强度等级不同时可以换算。

⑥按规定需要进行降温及温度控制的大体积混凝土,降温及温度控制费用根据批准的施工组织设计(方案)按实计算。

(2)模板

①模板按不同构件分别以复合模板、木模板、定型钢模板、长线台钢拉模以及砖地模、混凝土地模编制,实际使用模板材料不同时,不作调整。

②长线台混凝土地模子目适用于大型建设项目,在施工现场需设立的预制构件长线台混凝土地模,计算长线台混凝土地模子目后,应扣除预制构件子目中的混凝土地模摊销费。

③现浇钢筋混凝土梁、板模板支撑高度超过3.6 m但小于8 m时,执行梁、板模板支撑超高相应定额项目;大于8 m时,不执行梁、板模板支撑超高相应定额项目,按满堂钢管支撑架定额项目执行,同时梁、板模板定额项目中的支撑耗量扣除70%。现浇钢筋混凝土柱、墙模板支撑高度超过3.6 m时,其模板支撑超高工程量按超过部分进行计算,执行柱、墙模板支撑超高相应定额项目。支撑高度是指层高或楼地面至构件顶面的高度。

(3)钢筋

①现浇钢筋、箍筋、钢筋网片、钢筋笼子目适用于高强钢筋(高强钢筋指抗拉屈服强度达到400 MPa级及400 MPa以上的钢筋)、成型钢筋以外的现浇钢筋。高强钢筋、成型钢筋按《重庆市绿色建筑工程计价定额》相应子目执行。

②钢筋子目是按绑扎、电焊(除电渣压力焊和机械连接外)综合编制的,实际施工不同时,不作调整。

③钢筋的施工损耗和钢筋除锈用工,已包括在定额子目内,不另计算。

④预应力预制构件中的非预应力钢筋执行预制构件钢筋相应子目。

⑤现浇构件中固定钢筋位置的支撑钢筋、双(多)层钢筋用的铁马(垫铁),按现浇钢筋子目执行。

⑥机械连接综合了直螺纹和锥螺纹连接方式,均执行机械连接定额子目。该部分钢筋不

再计算搭接损耗。

⑦非预应力钢筋不包括冷加工,如设计要求冷加工时,另行计算。φ10 以内冷轧带肋钢筋需专业调直时,调直费用按实计算。

⑧预应力钢筋如设计要求人工时效处理时,每吨预应力钢筋按 200 元计算人工时效费,进入按实费用中。

⑨后张法钢丝束(钢绞线)子目是按 20φS5 编制的,如钢丝束(钢绞线)组成根数不同时,乘以表 2.4.11 系数进行调整。

表 2.4.11

子目	12φs5	14φs5	16φs5	18φs5	20φs5	22φs5	24φs5
人工系数	1.37	1.14	1.1	1.02	1.00	0.97	0.92
材料系数	1.66	1.42	1.25	1.11	1.00	0.91	0.83
机械系数	1.10	1.07	1.04	1.02	1.00	0.99	0.98

注:碳素钢丝不乘系数

⑩弧形钢筋按相应定额子目人工乘以系数 1.20。

⑪植筋定额子目不含植筋用钢筋,其钢筋按现浇钢筋子目执行。

⑫钢筋接头因设计规定采用电渣压力焊、机械连接时,接头按相应定额子目执行;采用了电渣压力焊、机械连接接头的现浇钢筋,在执行现浇钢筋制安定额子目时,同时应扣除人工 2.82 工日、钢筋 0.02 t、电焊条 3 kg、其他材料费 3.00 元进行调整,电渣压力焊、机械连接的损耗已考虑在定额子目内,不得另计。

⑬预埋铁件运输执行金属构件章节中的零星构件运输定额子目。

⑭坡度 >15° 的斜梁、斜板的钢筋制作安装,按现浇钢筋定额子目执行,人工乘以系数 1.25。

⑮钢骨混凝土构件中,钢骨柱、钢骨梁分别按金属构件章节中的实腹柱、吊车梁定额子目执行;钢筋制作安装按本章现浇钢筋定额子目执行,其中人工乘以系数 1.2,机械乘以系数 1.15。

⑯现浇构件冷拔钢丝按 φ10 内钢筋制作安装定额子目执行。

⑰后张法钢丝束、钢绞线等定额子目中,锚具实际用量与定额耗量不同时,按实调整。

(4)现浇构件

①基础混凝土厚度在 300 mm 以内的,执行基础垫层定额子目;厚度在 300 mm 以上的,按相应的基础定额子目执行。

②现浇(弧形)基础梁适用于无底模的(弧形)基础梁,有底模时执行现浇(弧形)梁相应定额子目。

③混凝土基础与墙或柱的划分,均按基础扩大顶面为界。

④混凝土杯形基础杯颈部分的高度大于其长边的三倍者,按高杯基础定额子目执行。

⑤有肋带形基础,肋高与肋宽之比在 5:1 以内时,肋和带形基础合并执行带形基础定额子目;在 5:1 以上时,其肋部分按混凝土墙相应定额子目执行。

⑥现浇混凝土薄壁柱适用于框架结构体系中存在的薄壁结构柱。单肢:肢长小于或者等

于肢宽 4 倍的按薄壁柱执行;肢长大于肢宽 4 倍的按墙执行。多肢:肢总长小于或者等于 2.5 m 的按薄壁柱执行;肢总长大于 2.5 m 的按墙执行。肢长按柱和墙配筋的混凝土总长确定。

⑦本定额中的有梁板系指梁(包括主梁、次梁,圈梁除外)、板构成整体的板;无梁板系指不带梁(圈梁除外)直接用柱支撑的板;平板系指无梁(圈梁除外)直接由墙支撑的板。

⑧异型梁子目适用于梁横断面为 T 形、L 形、十字形的梁。

⑨有梁板中的弧形梁按弧形梁定额子目执行。

⑩现浇钢筋混凝土柱、墙子目,均综合了每层底部灌注水泥砂浆的消耗量,水泥砂浆按湿拌商品砂浆进行编制,实际采用现拌砂浆、干混商品砂浆时,按以下原则进行调整:

a. 采用干混商品砂浆时,按砂浆耗量增加人工 0.2 工日/m³、增加水 0.5 t/m³、增加干混砂浆罐式搅拌机 0.1 台班/m³;同时,将湿拌商品砂浆按 1.7 t/m³ 换算为干混商品砌筑砂浆用量。

b. 采用现拌砂浆时,按砂浆耗量增加人工 0.582 工日/m³、增加 200L 灰浆搅拌机台班 0.167 台班/m³;同时,将湿拌商品砂浆按换算为现拌砂浆。

⑪斜梁(板)子目适用于 15°<坡度≤30°的现浇构件,30°<坡度≤45°的在斜梁(板)相应定额子目基础上人工乘以系数 1.05,45°<坡度≤60°的在斜梁(板)相应定额子目基础上人工乘以系数 1.10。

⑫压型钢板上浇捣混凝土板,执行平板定额子目,人工乘以系数 1.10。

⑬弧形楼梯是指一个自然层旋转弧度小于 180°的楼梯;螺旋楼梯是指一个自然层旋转弧度大于 180°的楼梯。

⑭与主体结构不同时浇筑的卫生间、厨房墙体根部现浇混凝土带,高度 200 mm 以内执行零星构件定额子目,其余执行圈梁定额子目。

⑮空心砖内灌注混凝土,按实际灌注混凝土体积计算,执行零星构件定额子目,人工乘以系数 1.3。

⑯现浇零星定额子目适用于小型池槽、压顶、垫块,扶手、门框、阳台立柱、栏杆、栏板、挡水线、挑出梁柱、墙外宽度小于 500 mm 的线(角)、板(包含空调板、阳光窗、雨篷),以及单个体积不超过 0.02 m³ 的现浇构件等。

⑰挑出梁柱、墙外宽度大于 500 mm 的线(角)、板(包含空调板、阳光窗、雨篷),执行悬挑板定额子目。

⑱混凝土结构施工中,三面挑出墙(柱)外的阳台板(含边梁、挑梁),执行悬挑板定额子目。

⑲悬挑板的厚度是按 100 mm 编制的,厚度不同时,按折算厚度同比例进行调整。

⑳现浇挑檐、天沟与板(包括屋面板、楼板)连接时,以外墙外边线为分界线;与梁(包括圈梁等)连接时,以梁外边线为分界线。外墙外边线以外或梁外边线以外为挑檐、天沟。

㉑如图 2.4.2 所示,现浇有梁板中梁的混凝土强度与现浇板不一致,应分别计算梁、板工程量。现浇梁工程量乘以系数 1.06,现浇板工程量应扣除现浇梁所增加的工程量,执行相应有梁板定额子目。

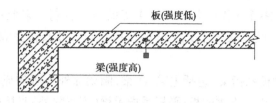

图 2.4.2

㉒凸出混凝土墙的中间柱,凸出部分如大于或等于墙厚的 1.5 倍者,其凸出部分执行现浇柱定额子目,如图 2.4.3 所示。

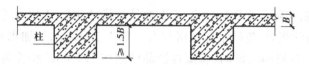

图 2.4.3

㉓柱(墙)和 梁(板)强度等级不一致时,有设计的按设计计算,无设计的按柱(墙)边 300 mm 距离加 45 度角计算,用于分隔两种混凝土强度等级的钢丝网另行计算,如图 2.2.4 所示。

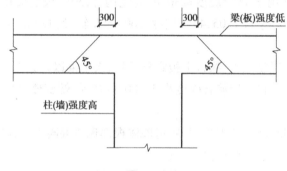

图 2.4.4

㉔本章弧形及螺旋形楼梯定额子目按折算厚度 160 mm 编制,直形楼梯定额子目按折算厚度 200 mm 编制。设计折算厚度不同时,执行相应增减定额子目。

㉕因设计或已批准的施工组织设计(方案)要求添加外加剂时,自拌混凝土外加剂根据设计用量或施工组织设计(方案)另加 1% 损耗,水泥用量根据外加剂性能要求进行相应调整;商品混凝土按外加剂增加费用叠加计算。

㉖后浇带混凝土浇筑按相应定额子目执行,人工乘以系数 1.2。

㉗薄壳板模板不分筒式、球形、双曲形等,均执行同一定额子目。

㉘现浇混凝土构件采用清水模板时,其模板按相应定额子目人工及模板耗量(不含支撑钢管及扣件)乘以系数 1.15。

㉙现浇混凝土构件模板按批准的施工组织设计(方案)采用对拉螺栓(片)不能取出者,按每 100 m² 模板增加对拉螺栓(片)消耗量 35 kg,并入模板消耗量内。模板采用止水专用螺杆,应根据批准的施工组织设计(方案)按实计算。

㉚现浇混凝土后浇带,根据批准的施工组织设计必须进行二次支模的,后浇带模板及支撑执行相应现浇混凝土模板定额子目,人工乘以系数 1.2,模板乘以系数 1.5。

㉛现浇混凝土柱、梁、板、墙的支模高度(地面至板顶或板面至上层板顶之间的高度)按 3.6 m 内综合考虑。支模高度在 3.6 m 以上、8 m 以下时,执行超高相应定额子目;支模高度

大于 8 m 时,按满堂钢管支撑架子目执行,但应按系数 0.7 扣除相应模板子目中的支撑耗量。

㉜定额植筋子目深度按 $10d$ (d 为植筋钢筋直径) 编制,设计要求植筋深度不同时同比例进行调整;植筋胶泥价格按国产胶进行编制,实际采用进口胶时价格按实调整。

㉝混凝土挡墙墙帽与墙同时浇筑时,工程量合并计算,执行相应的挡墙定额子目。

㉞现浇混凝土挡墙定额子目适用于重力式挡墙(含仰斜式挡墙)、衡重式挡墙类型。

㉟桩板混凝土挡墙定额子目按以下原则执行:

a. 当桩板混凝土挡墙的桩全部埋于地下或部分埋于地下时,埋于地下部分的桩按桩基工程相应定额子目执行;外露于地面部分的桩、板按薄壁混凝土挡墙定额项目执行。

b. 当桩板混凝土挡墙的桩全部外露于地面时,桩、板按薄壁混凝土挡墙定额项目执行。

㊱重力式挡墙(含仰斜式挡墙)、衡重式挡墙、悬壁式及扶臂式挡墙以外的其他类型混凝土挡墙,墙体厚度在 300 mm 以内时,执行薄壁混凝土挡墙定额子目。

㊲现浇弧形混凝土挡墙的模板按混凝土挡墙模板定额子目执行,人工乘以系数 1.2,模板乘以系数 1.15,其余不变。

㊳混凝土挡墙、块(片)石混凝土挡墙、薄壁混凝土挡墙单面支模时,其混凝土工程量按设计断面厚度增加 50 mm 计算。

㊴地下室上下同厚、同时又兼负混凝土墙作用的挡墙,按直形墙相应定额子目执行。

㊵室外钢筋混凝土挡墙高度超过 3.6 m 时,其垂直运输费按批准的施工组织设计按实计算。无方案时,钢筋定额子目人工乘以系数 1.1,混凝土按 10 m³ 增加 60 元(泵送混凝土除外)计入按实计算费用中,模板按本定额相关规定执行。

㊶弧形带形基础模板执行相应带形基础定额子目,人工乘以系数 1.2,模板乘以系数 1.15,其余不变。

㊷采用逆作法施工的现浇构件按相应定额子目人工乘以系数 1.2 执行。

㊸商品混凝土采用柴油泵送、臂架泵泵送、车载泵送增加的费用按实计算。

㊹散水、台阶、防滑坡道的垫层执行楼地面垫层子目,人工乘以系数 1.2。

㊺薄壁柱的截面为 T 型、L 型、十字型时,执行薄壁柱定额项目。

(5)预制构件

①零星构件定额子目适用于小型池槽、扶手、压顶、镂空花格、垫块和单件体积在 0.05 m³ 以内未列出子目的构件。

②预制板的现浇板带执行现浇零星构件定额子目。

(6)预制构件运输和安装

①本分部按构件的类型和外形尺寸划分为三类,分别计算相应的运输费用。

表 2.4.12

构件分类	构件名称
Ⅰ类	天窗架、挡风架、侧板、端壁板、天窗上下档及单体积在 0.1 m³ 以内小构件
	隔断板、池槽、楼梯踏步、通风道、烟道、花格等
Ⅱ类	空心板、实心板、屋面板、梁(含过梁)、吊车梁、楼梯段、薄腹梁等
Ⅲ类	6 m 以上至 14 m 梁、板、柱、各类屋架、桁架、托架等

②零星构件安装子目适用于单体积小于 0.1 m³ 的构件安装。

③空心板堵孔的人工、材料已包括在接头灌缝子目内。如不堵孔时,应扣除子目中堵孔材料(预制混凝土块)和堵孔人工每 10 m³ 空心板 2.2 工日。

④大于 14 m 的构件运输、安装费用,根据设计和施工组织设计按实计算。

2)工程量计算规则

(1)钢筋

①钢筋、铁件工程量按设计图示钢筋长度乘以单位理论质量以"t"计算。

a. 长度:按设计图示长度(钢筋中轴线长度)计算。钢筋搭接长度按设计图示及规范进行计算。

b. 接头:钢筋的搭接(接头)数量按设计图示及规范计算,设计图示及规范未标明的,以构件的单根钢筋确定。水平钢筋直径 φ10 以内按每 12 m 长计算一个搭接(接头);φ10 以上按每 9 m 长计算一个搭接(接头)。竖向钢筋搭接(接头)按自然层计算,当自然层层高大于 9 m 时,除按自然层计算外,应增加每 9 m 或 12 m 长计算的接头量。

c. 箍筋:箍筋长度(含平直段 10 d)按箍筋中轴线周长加 23.8 d 计算,设计平直段长度不同时允许调整。

d. 设计图未明确钢筋根数、以间距布置的钢筋根数时,按以向上取整加 1 的原则计算。

②机械连接(含直螺纹和锥螺纹)、电渣压力焊接头按数量以"个"计算,该部分钢筋不再计算其搭接用量。

③植筋连接按数量以"个"计算。

④预制构件的吊钩并入相应钢筋工程量。

⑤现浇构件中固定钢筋位置的支撑钢筋、双(多)层钢筋用的铁马(垫铁),设计或规范有规定的,按设计或规范计算;设计或规范无规定的,按批准的施工组织设计(方案)计算。

⑥先张法预应力钢筋按构件外形尺寸长度计算。后张法预应力钢筋按设计图规定的预应力钢筋预留孔道长度,并区别不同的锚具类型,分别按下列规定计算:

a. 低合金钢筋两端采用螺杆锚具时,预应力的钢筋按预留孔道长度减 350 mm,螺杆另行计算。

b. 低合金钢筋一端采用镦头插片、另一端采用螺杆锚具时,预应力钢筋长度按预留孔道长度计算,螺杆另行计算。

c. 低合金钢筋一端采用镦头插片、另一端采用帮条锚具时,预应力钢筋增加 150 mm。两端均采用帮条锚具时,预应力钢筋共增加 300 mm 计算。

d. 低合金钢筋采用后张混凝土自锚时,预应力钢筋长度增加 350 mm 计算。

e. 低合金钢筋或钢绞线采用 JM、XM、QM 型锚具和碳素钢丝采用锥形锚具时,孔道长度在 20 m 以内时,预应力钢筋增加 1 000 mm 计算;孔道长度在 20 m 以上时,预应力钢筋长度增加 1 800 mm 计算。

f. 碳素钢丝采用镦粗头时,预应力钢丝长度增加 350 mm 计算。

⑦声测管长度按设计桩长另加 900 mm 计算。

(2)现浇构件混凝土

混凝土的工程量按设计图示体积以"m³"计算(楼梯、雨篷、悬挑板、散水、防滑坡道除外）。不扣除构件内钢筋、螺栓、预埋铁件及单个面积 0.3 m² 以内的孔洞所占体积。

基础：

①无梁式满堂基础，其倒转的柱头（帽）并入基础计算，肋形满堂基础的梁、板合并计算。

②有肋带形基础，肋高与肋宽之比在 5∶1 以上时，肋与带形基础应分别计算。

③箱式基础应按满堂基础（底板）、柱、墙、梁、板（顶板）分别计算。

④框架式设备基础应按基础、柱、梁、板分别计算。

⑤计算混凝土承台工程量时，不扣除伸入承台基础的桩头所占体积。

柱：

①柱高：

a. 有梁板的柱高，应以柱基上表面（或梁板上表面）至上一层楼板上表面之间的高度计算。

b. 无梁板的柱高，应以柱基上表面（或楼板上表面）至柱帽下表面之间的高度计算。

c. 有楼隔层的柱高，应以柱基上表面至梁上表面高度计算。

d. 无楼隔层的柱高，应以柱基上表面至柱顶高度计算。

②附属于柱的牛腿，并入柱身体积内计算。

③构造柱（抗震柱）应包括马牙槎的体积在内，以"m³"计算。

梁：

①梁与柱（墙）连接时，梁长算至柱（墙）侧面。

②次梁与主梁连接时，次梁长算至主梁侧面。

③伸入砌体墙内的梁头、梁垫体积，并入梁体积内计算。

④梁的高度算至梁顶，不扣除板的厚度。

⑤预应力梁按设计图示体积（扣除空心部分）以"m³"计算。

板：

①有梁板（包括主、次梁与板）按梁、板体积合并计算。

②无梁板按板和柱头（帽）的体积之和计算。

③各类板伸入砌体墙内的板头并入板体积内计算。

④复合空心板应扣除空心楼板筒芯、箱体等所占体积。

⑤薄壳板的肋、基梁 并入薄壳体积内计算。

墙：

①与混凝土墙同厚的暗柱（梁）并入混凝土墙体积计算。

②墙垛与凸出部分<墙厚的 1.5 倍（不含 1.5 倍）者，并入墙体工程量内计算。

其他：

①整体楼梯（包括休息平台、平台梁、斜梁及楼梯的连接梁）按水平投影面积以"m²"计算，不扣除宽度小于 500 mm 的楼梯井，伸入墙内部分亦不增加。当整体楼梯与现浇楼层板无梯梁连接且无楼梯间时，以楼梯的最后一个踏步边缘加 300 mm 为界。

②弧形及螺旋形楼梯（包括休息平台、平台梁、斜梁及楼梯的连接梁）以水平投影面积以"m²"计算。

③台阶混凝土按实体体积以"m³"计算，台阶与平台连接时，应算至最上层踏步外沿加

300 mm。

④栏板、栏杆工程量以"m³"计算，伸入砌体墙内部分合并计算。

⑤雨篷(悬挑板)按水平投影面积以"m²"计算。挑梁、边梁的工程量 并入折算体积内。

⑥钢骨混凝土构件应按实扣除型钢骨架所占体积计算。

⑦原槽(坑)浇筑混凝土垫层、满堂(筏板)基础、桩承台基础、基础梁时，混凝土工程量按设计周边(长、宽)尺寸每边增加 20 mm 计算;原槽(坑)浇筑混凝土带形、独立、杯形、高杯(长颈)基础时，混凝土工程量按设计周边(长、宽)尺寸每边增加 50 mm 计算。

⑧楼地面垫层按设计图示体积以"m³"计算，应扣除凸出地面的构筑物、设备基础、室外铁道、地沟等所占的体积，但不扣除柱、垛、间壁墙、附墙烟囱及面积 ≤0.3 m² 孔洞所占的面积，而门洞、空圈、暖气包槽、壁龛的开口部分面积亦不增加。

⑨散水、防滑坡道按设计图示水平投影面积以"m²"计算。

(3)现浇混凝土构件模板

现浇混凝土构件模板工程量的分界规则与现浇混凝土构件工程量的分界规则一致，其工程量的计算除本章另有规定者外，均按模板与混凝土的接触面积以"m²"计算。

①独立基础高度从垫层上表面计算至柱基上表面。

②地下室底板按无梁式满堂基础模板计算。

③设备基础地脚螺栓套孔模板分不同长度按数量以"个"计算。

④构造柱均应按图示外露部分计算模板面积，构造柱与墙接触面不计算模板面积。带马牙槎构造柱的宽度按设计宽度每边另加 150 mm 计算。

⑤现浇钢筋混凝土墙、板上单孔面积 ≤0.3 m² 的孔洞不予扣除，洞侧壁模板亦不增加，单孔面积>0.3 m² 时，应予扣除，洞侧壁模板面积 并入墙、板模板工程量内计算。

⑥柱与梁、柱与墙、梁与梁等连接重叠部分，以及伸入墙内的梁头、板头与砖接触部分，均不计算模板面积。

⑦现浇混凝土悬挑板、雨篷、阳台，按图示外挑部分的水平投影面积以"m²"计算。挑出墙外的悬臂梁及板边不另计算。

⑧现浇混凝土楼梯(包括休息平台、平台梁、斜梁和楼层板的连接的梁)，按水平投影面积以"m²"计算，不扣除宽度小于 500 mm 楼梯井所占面积，楼梯的踏步、踏步板、平台梁等侧面模板不另行计算，伸入墙内部分亦不增加。当整体楼梯与现浇楼板无梯梁连接且无楼梯间时，以楼梯的最后一个踏步边缘加 300 mm 为界。

⑨混凝土台阶不包括梯带，按设计图示台阶的水平投影面积以"m²"计算，台阶端头两侧不另计算模板面积;架空式混凝土台阶按现浇楼梯计算。

⑩空心楼板筒芯安装和箱体安装按设计图示体积以"m³"计算。

⑪后浇带的宽度按设计或经批准的施工组织设计(方案)规定宽度每边另加 150 mm 计算。

⑫零星构件按设计图示体积以"m³"计算。

(4)预制构件混凝土

混凝土的工程量按设计图示体积以"m³"计算。不扣除构件内钢筋、螺栓、预埋铁件及单个面积小于 0.3 mz 的孔洞所占体积。

①空心板、空心楼梯段应扣除空洞体积以"m³"计算。

②混凝土和钢构件组合的构件,混凝土按实体体积以"m³"计算,钢构件按金属工程章节中相应子目计算。

③预制镂空花格以折算体积以"m³"计算,每 10 m² 镂空花格折算为 0.5 m³ 混凝土。

④通风道、烟道按设计图示体积以"m³"计算,不扣除构件内钢筋、螺栓、预埋铁件及单个面积小于等于 300 mm×300 mm 的孔洞所占体积,扣除通风道、烟道的孔洞所占体积。

(5)预制混凝土构件模板

①预制混凝土模板,除地模按模板与混凝土的接触面积计算外,其余构件均按图示混凝土构件体积以"m³"计算。

②空心构件工程量按实体体积计算,后张预应力构件不扣除灌浆孔道所占体积。

(6)预制构件运输和安装

①预制混凝土构件制作、运输及安装损耗率,按下列规定计算后 并入构件工程量内:

制作废品率:0.2%;运输堆放损耗:0.8%;安装损耗:0.5%。其中,预制混凝土屋架、桁架、托架及长度在 9 m 以上的梁、板、柱不计算损耗率。

②预制混凝土工字形柱、矩形柱、空腹柱、双肢柱、空心柱、管道支架,均按柱安装计算。

③组合屋架安装以混凝土部分实体体积分别计算安装工程量。

④定额中就位预制构件起吊运输距离,按机械起吊中心回转半径 15 m 以内考虑,超出 15 m 时,按实计算。

⑤构件采用特种机械吊装时,增加费按以下规定计算:

本定额中预制构件安装机械是按现有的施工机械进行综合考虑的,除定额允许调整者外不得变动。经批准的施工组织设计必须采用特种机械吊装构件时,除按规定编制预算外,采用特种机械吊装的混凝土构件综合按 10 m³ 另增加特种机械使用费 0.34 台班,列入定额基价。凡因施工平衡使用特种机械和已计算超高人工、机械降效费的工程,不再计算特种机械使用费。

2.4.8　金属结构工程(0106)

1)说明

(1)金属结构制作、安装

①本章钢构件制作定额子目适用于现场和加工厂制作的构件,构件制作定额子目已包括加工厂预装配所需的人工、材料、机械台班用量及预拼装平台摊销费用。

②构件制作包括分段制作和整体预装配的人工、材料及机械台班用量,整体预装配用的螺栓已包括在定额子目内。

③本章除注明外,均包括现场内(工厂内)的材料运输、下料、加工、组装及成品堆放等全部工序。

④构件制作定额子目中钢材的损耗量已包括了切割和制作损耗,对于设计有特殊要求的,消耗量可进行调整。

⑤构件制作定额子目中钢材按钢号 Q235 编制,构件制作设计使用的钢材强度等级、型材组成比例与定额不同时,可按设计图纸进行调整,用量不变。

⑥钢筋混凝土组合屋架的钢拉杆,执行屋架钢支撑子目。

⑦自加工钢构件适用于由钢板切割加工而成的钢构件。

⑧钢制动梁、钢制动板、钢车档套用钢吊车梁相应子目。

⑨加工铁件(自制门闩、门轴等)及其他零星钢构件(单个构件质量在 25 kg 以内)执行零星钢构件子目。

⑩本章钢栏杆仅适用于工业厂房平台、操作台、钢楼梯、钢走道板等与金属结构相连的栏杆,民用建筑钢栏杆执行本定额楼地面装饰工程章节中相应子目。

⑪钢结构安装定额子目中所列的铁件,实际施工用量与定额不同时,不允许调整。

⑫实腹钢柱(梁)是指 H 形、箱形、T 形、L 形、十字形等,空腹钢柱是指格构形等。

⑬钢柱安在混凝土柱上时,执行钢柱安装相应子目,其中人工费、机械费乘以系数 1.2,其余不变。

⑭轻钢屋架是指单榀质量在 1 t 以内,且用角钢或圆钢、管材作为支撑、拉杆的钢屋架。

⑮钢支撑包括柱间支撑、屋面支撑、系杆、拉条、撑杆、隅撑等;钢天窗架包括钢天窗架、钢通风气楼、钢风机架。其中,钢天窗架及钢通风气楼上 C 型、Z 型钢套用钢檩条子目,一次性成型的成品通风架另行计算。

⑯混凝土柱上的钢牛腿制作及安装执行零星钢构件定额子目。

⑰地沟、电缆沟钢盖板执行零星钢构件相应定额子目,篦式钢平台和钢盖板均执行钢平台相应定额子目。电缆沟花纹钢板盖板执行零星钢构件制作安装定额项目。

⑱构件制作定额子目中自加工焊接 H 型等钢构件均按钢板加工焊接编制,如实际采用成品 H 型钢的,人工、机械及除钢材外的其他材料乘以系数 0.6,钢材每吨扣减损耗量 0.016 t,成品 H 型钢按成品价格进行调差。

⑲钢桁架制作、安装定额子目按直线形编制,如设计为曲线、折线形时,其制作定额子目人工、机械乘以系数 1.3,安装定额子目人工、机械乘以系数 1.2。

⑳成品钢网架安装是按平面网格结构钢网架进行编制的,如设计为筒壳、球壳及其他曲面结构的,其安装定额子目人工、机械乘以系数 1.2。

㉑钢网架安装子目是按分体吊装编制的,若使用整体安装时,可另行补充。

㉒整座网架质量<120 t,其相应定额子目人工、机械消耗量乘以系数 1.2。

㉓现场制作网架时,其安装按成品安装相应网架子目执行,扣除其定额中的成品网架材料费,其余不变。

㉔不锈钢螺栓球网架制作执行焊接不锈钢网架制作定额子目,其安装执行螺栓空心球网架安装定额子目,取消其定额中的油漆及稀释剂,同时安装人工减少 0.2 工日。

㉕定额中圆(方)钢管构件按成品钢管编制,如实际采用钢板加工而成的,主材价格调整,加工费用另计。

㉖型钢混凝土组合结构中的钢构件套用本章相应定额子目,制作定额子目人工、机械乘以系数 1.15。

㉗金属构件的拆除执行金属构件安装相应定额子目并乘以系数 0.6。

㉘弧形钢构件子目按相应定额子目的人工、机械费乘以系数 1.2。

㉙本章构件制作定额子目中,不包括除锈工作内容,发生时执行相应子目。其中,喷砂或

抛丸除锈定额子目按 Sa2.5 级除锈等级编制,如设计为 Sa3 级则定额乘以系数 1.1,如设计要求按 Sa2 或 Sa1 级则定额乘以系数 0.75。手工除锈定额子目按 St3 除锈等级编制,如设计为 St2 级则定额乘以系数 0.75。

㉚本章构件制作定额子目中不包括油漆、防火涂料的工作内容,如设计有防腐、防火要求时,按"本定额装饰分册的油漆、涂料、裱糊工程"的相应子目执行。

㉛钢通风气楼、钢风机架制作安装套用钢天窗架相应定额子目。

㉜钢构件制作定额未包含表面镀锌费用,发生时另行计算。

㉝柱间、梁间、屋架间的 H 形或箱形钢支撑,执行相应的钢柱或钢梁制作、安装定额子目;墙架柱、墙架梁和相配套连接杆件执行钢墙架相应定额子目。

㉞钢支撑(钢拉条)制作不包括花篮螺栓。设计采用花篮螺栓时,删除定额中的"六角螺栓",其余不变,花篮螺栓按相应定额子目执行。

㉟钢格栅如采用成品格栅,制作人工、辅材及机械乘以系数 0.6,钢材按成品钢格栅价格进行调差。

㊱构件制作、安装子目中不包括磁粉探伤、超声波探伤等检测费,发生时另行计算。

㊲属施工单位承包范围内的金属结构构件由建设单位加工(或委托加工)交施工单位安装时,施工单位按以下规定计算:安装费用按构件安装定额基价(人工费+机械费)计取所有费用,并以相应制作定额子目的取费基数(人工费+机械费)收取 60% 的企业管理费、规费及税金。

㊳钢结构构件 15 t 及以下构件按单机吊装编制,15 t 以上钢构件按双机抬吊考虑吊装机械,网架按分块吊装考虑配置相应机械,吊装机械配置不同时不予调整。但因施工条件限制需采用特大型机械吊装时,其施工方案经监理或业主批准后方可进行调整。

㊴钢构件安装子目按檐高 20 m 以内、跨内吊装编制,实际须采用跨外吊装的,应按施工方案进行调整。

㊵钢构件安装子目中已考虑现场拼装费用,但未考虑分块或整体吊装的钢网架、钢桁架地面平台拼装摊销,如发生则执行现场拼装平台摊销定额子目。

㊶不锈钢天沟、彩钢板天沟展开宽度为 600 mm,如实际展开宽度与定额不同时,板材按比例调整,其他不变。

㊷天沟支架制作、安装套用钢檩条相应定额子目。

㊸檐口端面封边、包角也适用于雨篷等处的封边、包角。

㊹屋脊盖板封边、包角子目内已包括屋脊托板含量,如屋脊托板使用其他材料,则屋脊盖板含量应作调整。

㊺金属构件成品价包含金属构件制作工厂底漆及场外运输费用。金属构件成品价中未包括安装现场油漆、防火涂料的工料。

(2)钢构件运输

①构件运输中已考虑一般运输支架的摊销费,不另计算。

②金属结构构件运输适用于重庆市范围内的构件运输(路桥费按实计算),超出重庆市范围的运输按实计算。

③构件运输按表 2.4.13 分类:

表 2.4.13

构件分类	构件名称
Ⅰ	钢柱、屋架、托架、桁架、吊车梁、网架、
Ⅱ	钢梁、型钢檩条、钢支撑、上下档、钢拉杆、栏杆、盖板、箅子、爬梯、零星构件、平台、操纵台、走道休息台、扶梯、钢吊车梯台、烟囱紧固箍
Ⅲ	墙架、挡风架、天窗架、组合檩条、轻型屋架、滚动支架、悬挂支架、管道支架、其他构件

④单构件长度大于 14 m 的或特殊构件，其运输费用根据设计和施工组织设计按实计算。

⑤金属结构构件运输过程中，如遇路桥限载（限高）而发生的加固、拓宽的费用及有电车线路和公安交通管理部门的保安护送费用，应另行处理。

（3）金属结构楼（墙）面板及其他

①压型楼面板的收边板未包括在楼面板子目内，应单独计算。

②固定压型钢板楼板的支架费用另行套用定额计算。

③楼板栓钉另行套用定额计算。

④自承式楼层板上钢筋桁架列入钢筋子目计算。

⑤钢板楼板上浇筑钢筋混凝土，其混凝土和钢筋执行本定额"E 混凝土及钢筋混凝土工程"中相应子目。

⑥其他封板、包角定额子目适用于墙面、板面、高低屋面等处需封边、包角的项目。

⑦金属网栏立柱的基础另行计算。

（4）其他说明

①本章未包含钢架桥的相关定额子目，发生时执行 2018 年《重庆市市政工程计价定额》相关子目。

②本章未包含砌块墙钢丝网加固的相关定额子目，发生时执行本定额 M 墙、柱面装饰与隔断、幕墙工程中相应子目。

2）工程量计算规则

（1）金属构件制作

①金属构件的制作工程量按设计图示尺寸计算的理论质量以"t"计算。

②金属构件计算工程量时，不扣除单个面积≤0.3 m² 的孔洞质量，焊缝、铆钉、螺栓（高强螺栓、花篮螺栓、剪力栓钉除外）等不另增加质量。

③金属构件安装使用的高强螺栓、花篮螺栓和剪力栓钉按设计图示数量以"套"为单位计算。

④钢网架计算工程量时，不扣除孔洞眼的质量，焊缝、铆钉等不另增加质量。焊接空心球网架质量包括连接钢管杆件、连接球、支托和网架支座等零件的质量，螺栓球节点网架质量包括连接钢管杆件（含高强螺栓、销子、套筒、锥头或封板）、螺栓球、支托和网架支座等零件的质量。

⑤依附在钢柱上的牛腿及悬臂梁的质量并入钢柱的质量内，钢柱上的柱脚板、加劲板、柱顶板、隔板和肋板并入钢柱工程量内。

⑥计算钢墙架制作工程量时,应包括墙架柱、墙架梁及连系拉杆的质量。

⑦钢管柱上的节点板、加强环、内衬管、牛腿等并入钢管柱工程量内。

⑧钢平台的工程量包括钢平台的柱、梁、板、斜撑的质量,依附于钢平台上的钢扶梯及平台栏杆应按相应构件另行列项计算。

⑨钢栏杆包括扶手的质量,合并执行钢栏杆子目。

⑩钢楼梯的工程量包括楼梯平台、楼梯梁、楼梯踏步等的质量,钢楼梯上的扶手、栏杆另行列项计算。

⑪金属结构除锈工程量按金属结构制作工程量计算规则计算。

(2)钢构件运输、安装

①钢构件的运输、安装工程量等于制作工程量。

②钢构件现场拼装平台摊销工程量按实施拼装构件的工程量计算。

(3)金属结构楼(墙)面板及其他

①钢板楼板按设计图示铺设面积以"m^2"计算,不扣除单个面积≤0.3 m^2 的柱、垛及孔洞所占面积。

②钢板墙板按设计图示面积以"m^2"计算,不扣除单个面积≤0.3 m^2 的梁、孔洞所占面积。

③钢板天沟计算工程量时,依附天沟的型钢并入天沟工程量内。不锈钢天沟、彩钢板天沟按设计图示长度以"m"计算。

④槽铝檐口端面封边包角、槽铝混凝土浇捣收边板高度按150 mm 考虑,工程量按设计图示长度以"延长米"计算,其他材料的封边包角、混凝土浇捣收边板按设计图示展开面积以"m^2"计算。

⑤成品空调金属百叶护栏及成品栅栏按设计图示框外围展开面积以"m^2"计算。

⑥成品雨篷适用于挑出宽度1m 以内的雨篷,工程量按设计图示接触边长度以"延长米"计算。

⑦金属网栏按设计图示框外围展开面积以"m^2"计算。

⑧金属网定额子目适用于后浇带及混凝土构件中不同强度等级交接处铺设的金属网,其工程量按图示面积以"m^2"计算。

2.4.9 木结构工程(0107)

1)说明

①本章是按机械和手工操作综合编制的,无论实际采用何种操作方法,均不作调整。

②本章原木是按一二类综合编制的,如采用三四类木材(硬木)时,人工及机械乘以1.35。

③本章列有锯材的项目,其锯材消耗量内已包括干燥损耗,不另计算。

④本章项目中所注明的木材断面或厚度均以毛断面为准。如设计图纸注明的断面或厚度为净料时,应增加刨光损耗:方材一面刨光增加3mm,两面刨光增加5 mm;板一面刨光增加3 mm,两面刨光增加3.5 mm;圆木直径加5 mm。

⑤原木加工成锯材的出材率为63%,方木加工成锯材的出材率为85%。

⑥屋架的跨度是指屋架两端上下弦中心线交点之间的长度。屋架、檩木需刨光者,人工乘以系数1.15。

⑦屋面板厚度是按毛料计算的,如厚度不同时,可按比例换算板材用量,其他不变。

⑧木屋架、钢木屋架定额子目中的钢板、型钢、圆钢用量与设计不同时,可按设计数量另加8%损耗进行换算,其余不变。

2)工程量计算规则

(1)木屋架

①木屋架、檩条工程量按设计图示体积以"m³"计算。附属于其上的木夹板、垫木、风撑、挑檐木、檩条三角条,均按木料体积并入屋架、檩条工程量内。单独挑檐木并入檩条工程量内。檩托木、檩垫木已包括在定额子目内,不另计算。

②屋架的马尾、折角和正交部分半屋架,并入相连接屋架的体积内计算。

③钢木屋架区分圆、方木,按设计断面以"m³"计算。圆木屋架连接的挑檐木、支撑等为方木时,其方木木料体积乘以系数1.7折合成圆木并入屋架体积内。单独的方木挑檐,按矩形檩木计算。

④檩木按设计断面以"m³"计算。简支檩长度按设计规定计算,设计无规定者,按屋架或山墙中距增加0.2 m计算,如两端出土,檩条长度算至搏风板;连续檩条的长度按设计长度以"m"计算,其接头长度按全部连续檩木总体积的5%计算。檩条托木已计入相应的檩木制作安装项目中,不另计算。

(2)木构件

①木柱、木梁按设计图示体积以"m³"计算。

②木楼梯按设计图示尺寸计算的水平投影面积以"m²"计算,不扣除宽度≤300 mm的楼梯井,其踢脚板、平台和伸入墙内部分不另行计算。

③木地楞按设计图示体积以"m³"计算。定额内已包括平撑、剪刀撑、沿油木的用量,不再另行计算。

(3)屋面木基层

①屋面木基层,按屋面的斜面积以"m²"计算。天窗挑檐重叠部分按设计规定计算,屋面烟囱及斜沟部分所占面积不扣除。

②屋面椽子、屋面板、挂瓦条工程量按设计图示屋面斜面积以"m²"计算,不扣除屋面烟囱、风帽底座、风道、小气窗及斜沟等所占面积。小气窗的出檐部分也不增加面积。

③封檐板工程量按设计图示檐口外围长度以"m"计算,搏风板按斜长度以"m"计算,有大刀头者每个大刀头增加长度0.5 m计算。

2.4.10 门窗工程(0108)(第一册)

1)说明

(1)一般说明

①本章是按机械和手工操作综合编制的,无论实际采用何种操作方法,均不作调整。

②本章原木是按一二类综合编制的,如采用三四类木材(硬木)时,人工及机械乘以系数

1.35。

③本章列有锯材的子目,其锯材消耗量内已包括干燥损耗,不另计算。

④本章子目中所注明的木材断面或厚度均以毛断面为准。如设计图纸注明的断面或厚度为净料时,应增加刨光损耗:板、枋材一面刨光增加 3 mm,两面刨光增加 5 mm,圆木每立方米体积增加 0.05 m^3。

⑤原木加工成锯材的出材率为63%,方木加工成锯材的出材率为85%。

(2)木门、窗

①木门窗项目中所注明的框断面均以边框毛断面为准,框裁口如为钉条者,应加钉条的断面计算。如设计框断面与定额子目断面不同时,以每增加 10 cm^2(不足 10 cm^2 按 10 cm^2 计算),按表2.4.14增减材积。

表2.4.14

子目	门	门带窗	窗
锯材(干)	0.3	0.32	0.4

②各类门扇的区别如下:

a. 全部用冒头结构镶板者,称"镶板门"。

b. 在同一门扇上装玻璃和镶板(钉板)者,玻璃面积大于或等于镶板(钉板)面积的二分之一时,称"半玻门"。

c. 用上下冒头或带一根中冒头钉企口板,板面起三角槽者,称"拼板门"。

③木门窗安装子目已包括门窗框刷防腐油、安木砖、框边塞缝、装玻璃、钉玻璃压条或嵌油灰,以及安装一般五金等的工料。

④木门窗五金一般包括:普通折页、插销、风钩、普通翻窗折页、门板扣和镀铬弓背拉手。使用以上五金不得调整和换算。如采用使用铜质、铝合金、不锈钢等五金时,其材料费用可另行计算,但不增加安装人工工日,同时子目中已包括的一般五金材料费也不扣除。

⑤无梁木门安装时,应扣除单层玻璃材料费,人工费不变。

⑥胶合板门带窗制作如设计要求不允许拼接时,胶合板的定额消耗量允许调整,胶合板门定额消耗量每100 m^2 门洞口面积增加44.11 m^2,胶合板门带窗定额消耗量每100 m^2 门洞口面积增加53.10 m^2,其他子目胶合板消耗量不得进行调整

(3)金属门、窗

金属门窗项目按工厂成品、现场安装编制除定额说明外。成品金属门窗价格均已包括玻璃及五金配件,定额包括安装固定门窗小五金配件材料及安装费用与辅料耗量。

(4)金属卷帘(闸)

①金属卷帘(闸)门项目是按卷帘安装在洞口内侧或外侧考虑的,当设计为安装在洞口中时,按相应定额子目人工乘以系数1.1。

②金属卷帘(闸)门项目是不带活动小门考虑的,当设计为带活动小门时,按相应定额子目人工乘以系数1.07,材料价格调整为带活动小门金属卷帘(闸)。

③防火卷帘按特级防火卷帘(双轨双帘)编制,如设计材料不同可换算。

（5）厂库房大门、特种门

①各种厂库大门项目内所含钢材、钢骨架、五金铁件（加工铁件），可以换算，但子目中的人工、机械消耗量不作调整。

②自加工门所用铁件已列入定额子目。墙、柱、楼地面等部位的预埋铁件按设计要求另行计算，执行相应的定额子目。

（6）其他

①木门窗运输定额子目包括框和扇的运输。若单运框时，相应子目乘以系数 0.4；单运扇时，相应子目乘以系数 0.6。

②本章项目工作内容的框边塞缝为安装过程中的固定塞缝，框边二次塞缝及收口收边工作未包含在内，均应按相应定额子目执行。

2）工程量计算规则

（1）木门、窗

制作、安装有框木门窗工程量，按门窗洞口设计图示面积以"m^2"计算；制作、安装无框木门窗工程量，按扇外围设计图示尺寸以"m^2"计算。

（2）金属门、窗

①成品塑钢、钢门窗（飘凸窗、阳台封闭、纱门窗除外）安装按门窗洞口设计图示面积以"m^2"计算。

②门连窗按设计图示洞口面积分别计算门、窗面积，其中窗的宽度算至门框的边外线。

③塑钢飘凸窗、阳台封闭、纱门窗按框型材外围设计图示面积以"m^2"计算。

（3）金属卷帘（闸）

金属卷帘（闸）、防火卷帘按设计图示尺寸宽度乘高度（算至卷帘箱卷轴水平线）以"m^2"计算。电动装置安装按设计图示套数计算。

（4）厂库房大门、特种门

①有框厂库房大门和特种门按洞口设计图示面积以"m^2"计算，无框的厂库房大门和特种门按门扇外围设计图示尺寸面积以"m^2"计算。

②冷藏库大门、保温隔音门、变电室门、隔音门、射线防护门按洞口设计图示面积以"m^2"计算。

（5）其他

①木窗上安装窗栅、钢筋棍按窗洞口设计图示尺寸面积以"m^2"计算。

②普通窗上部带有半圆窗的工程量应分别按半圆窗和普通窗计算，以普通窗和半圆窗之间的横框上的裁口线为分界线。

③门窗贴脸按设计图示尺寸以外边线延长米计算。

④水泥砂浆塞缝按门窗洞口设计图示尺寸以延长米计算。

⑤门锁安装按"套"计算。

⑥门、窗运输按门框、窗框外围设计图示面积以"m^2"计算。

2.4.11　屋面及防水工程（0109）

1）说明

（1）瓦屋面、型材屋面

①25% <坡度≤4 屋面防水 5% 及人字形、锯齿形、弧形等不规则瓦屋面，人工乘以系数 1.3；坡度>45%的，人工乘以系数 1.43。

②玻璃钢瓦屋面铺在混凝土或木檩子上，执行钢檩上定额子目。

③瓦屋面的屋脊和瓦出线已包括在定额子目内，不另计算。

④屋面彩瓦定额子目中，彩瓦消耗量与定额子目消耗量不同时，可以调整，其他不变。

⑤型材屋面定额子目均不包含屋脊的工作内容，另按金属结构工程相应定额子目执行。

⑥压型板屋面定额子目中的压型板按成品压型板考虑。

（2）屋面防水及其他

屋面防水：

①平屋面以坡度小于 15% 为准，15% <坡度≤25% 的，按相应定额子目执行，人工乘以系数 1.18；25% <坡度≤45% 及人字形、锯齿形、弧形等不规则屋面，人工乘以系数 1.3；坡度>45%的，人工乘以系数 1.43。

②卷材防水、涂料防水定额子目，如设计的材料品种与定额子目不同时，材料进行换算，其他不变。

③卷材防水、涂料防水屋面的附加层、接缝、收头、基层处理剂工料已包括在定额子目内，不另计算。

④卷材防水冷粘法定额子目，按黏结满铺编制，如采用点、条铺粘结时，按相应定额子目人工乘以系数 0.91.黏结剂乘以系数 0.7。

⑤本章"二布三涂"或"每增减一布一涂"项目，是指涂料构成防水层数，而非指涂刷遍数。

⑥刚性防水屋面分格缝已含在定额子目内，不另计算。

⑦找平层、刚性层分格缝盖缝，应另行计算，执行相应定额子目。

屋面排水：

①铁皮排水定额子目已包括铁皮咬口、卷边、搭接的工料，不另计算。

②塑料水落管定额子目已包含塑料水斗、塑料弯管，不另计算。

③高层建筑使用 PVC 塑料消音管执行塑料管项目。

④阳台、空调连通水落管执行塑料水落管 φ50 项目。

屋面变形缝：

①变形缝包括温度缝、沉降缝、抗震缝。

②基础、墙身、楼地面变形缝填缝均执行屋面填缝定额子目。

③变形缝填缝定额子目中，建筑油膏断面为 30 mm×20 mm；油浸木丝板断面为 150 mm×25 mm；浸油麻丝、泡沫塑料断面为 150 mm×30 mm，如设计断面与定额子目不同时，材料进行换算，人工不变。

④屋面盖缝定额子目，如设计宽度与定额子目不同时，材料进行换算，人工不变。

⑤紫铜板止水带展开宽度为 400 mm,厚度为 2 mm;钢板止水带展开宽度为 400 mm,厚度为 3 mm;氯丁橡胶宽 300 mm;橡胶、塑料止水带为 150 mm×30 mm。如设计断面不同时,材料进行换算,人工不变。

⑥当采用金属止水环时,执行混凝土和钢筋混凝土章节中预埋铁件制作安装项目。

(3)墙面防水、防潮

①卷材防水、涂料防水的接缝、收头、基层处理剂工料已包括在定额子目内,不另计算。

②墙面变形缝定额子目,如设计宽度与定额子目不同时,材料进行换算,人工不变。

(4)楼地面防水、防潮

①卷材防水、涂料防水的附加层、接缝、收头、基层处理剂工料已包括在定额子目内,不另计算。

②楼地面防水子目中的附加层仅包含管道伸出楼地面根部分附加层,阴阳角附加层另行计算。

③楼、地面变形缝定额子目,如设计宽度与定额子目不同时,材料进行换算,人工不变。

2)工程量计算规则

(1)瓦屋面、型材屋面

瓦屋面、彩钢板屋面、压型板屋面均按设计图示面积以"m²"计算(斜屋面按斜面面积以"m²"计算)。不扣除房上烟囱、风帽底座、风道、屋面小气窗、斜沟和脊瓦所占面积,小气窗的出檐部分也不增加面积。

(2)屋面防水及其他

①屋面防水:

a.卷材防水、涂料防水屋面按设计图示面积以"m²"计算(斜屋面按斜面面积以"m²"计算)。不扣除房上烟囱、风帽底座、风道、屋面小气窗、斜沟、变形缝所占面积,屋面的女儿墙、伸缩缝和天窗等处的弯起部分,按图示尺寸并入屋面工程量计算。如设计图示无规定时,伸缩缝、女儿墙及天窗的弯起部分按防水层至屋面面层厚度另加 250 mm 计算

b.刚性屋面按设计图示面积以"m²"计算(斜屋面按斜面面积以"m²"计算)。不扣除房上烟道、风帽底座、风道、屋面小气窗等所占面积,屋面泛水、变形缝等弯起部分和加厚部分,已包括在定额子目内。挑出墙外的出檐和屋面天沟,另按相应项目计算。

c.分格缝按设计图示长度以"m"计算,盖缝按设计图示面积以"m²"计算。

②屋面排水:

a.塑料水落管按图示长度以"m"计算,如设计未标注尺寸,以檐口至设计室外散水上表面垂直距离计算。

b.阳台、空调连通水落管按"套"计算。

c.铁皮排水按图示面积以"m²"计算。

③屋面变形缝按设计图示长度以"m"计算。

(3)墙面防水、防潮

①墙面防潮层,按设计展开面积以"m²"计算,扣除门窗洞口及单个面积大于 0.3 m² 孔洞所占面积。

②变形缝按设计图示长度以"m"计算。

（4）楼地面防水、防潮

①墙基防水、防潮层，外墙长度按中心线，内墙长度按净长，乘以墙宽以"m²"计算。

②楼地面防水、防潮层，按墙间净空面积以"m²"计算，门洞下口防水层工程量并入相应楼地面工程量内。扣除凸出地面的构筑物、设备基础及单个面积大于 0.3 m² 柱、垛、烟囱和孔洞所占面积。门洞、空圈、暖气包槽、壁龛的开口部分不增加面积。

③与墙面连接处，上卷高度在 300 mm 以内按展开面积以"m²"计算，执行楼地面防水定额子目；高度超过 300 mm 时，按展开面积以"m²"计算，执行墙面防水定额子目。

④变形缝按设计图示长度以"m"计算。

2.4.12　防腐工程（0110）

1）说明

①各种砂浆、胶泥、混凝土配合比以及各种整体面层的厚度，如设计与定额不同时，可以换算。定额已综合考虑了各种块料面层的结合层、胶结料厚度及灰缝宽度。

②软聚氯乙烯板地面定额子目内已包含踢脚板工料，不另计算，其他整体面层踢脚板按整体面层相应定额子目执行。

③块料面层踢脚板按立面块料面层相应定额子目人工乘以系数 1.2，其他不变。

④花岗石面层以六面剁斧的块料为准，结合层厚度为 15 mm，如板底为毛面时，其结合层胶结料用量按设计厚度调整。

⑤环氧自流平洁净地面中间层（刮腻子）按每层 1 mm 厚度考虑，如设计要求厚度与定额子目不同时，可以调整。

⑥卷材防腐接缝、附加层、收头工料已包括在定额内，不另计算。

⑦块料防腐定额子目中的块料面层，如设计的规格、材质与定额子目不同时，可以调整。

2）工程量计算规则

①防腐工程面层、隔离层及防腐油漆工程量按设计图示面积以"m²"计算。

②平面防腐工程量应扣除凸出地面的构筑物、设备基础及单个面积大于 0.3 m² 柱、垛、烟囱和孔洞所占面积。门洞、空圈、暖气包槽、壁龛的开口部分不增加面积。

③立面防腐工程量应扣除门窗洞口以及单个面积大于 0.3 m² 孔洞、柱、垛所占面积，门窗洞口侧壁、垛凸出部分按展开面积并入墙面内。

④踢脚板工程量按设计图示长度乘以高度以"m²"计算，扣除门洞所占面积，并相应增加门洞侧壁的面积。

⑤池、槽块料防腐面层工程量按设计图示面积以"m²"计算。

⑥砌筑沥青浸渍砖工程量按设计图示面积以"m²"计算。

⑦混凝土面及抹灰面防腐按设计图示面积以"m²"计算。

2.4.13　楼地面工程（0111）

1）说明

（1）找平层、面层

①整体面层、找平层的配合比，如设计规定与定额不同时，允许换算。

②整体面层的水泥砂浆、混凝土面层、瓜米石(石屑)、水磨石子目不包括水泥砂浆踢脚线工料,按相应定额子目执行。

③楼梯面层子目均不包括防滑条工料,如设计规定做防滑条时,按相应定额子目执行。

④水磨石整体面层按玻璃嵌条编制,如用金属嵌条时,应取消子目中玻璃消耗量,金属嵌条用量按设计要求计算,执行相应定额子目。

⑤水磨石整体面层嵌条分色以四边形分格为准,如设计采用多边形或美术图案时,人工费乘以系数1.2。

⑥彩色水磨石是按矿物颜料考虑的,如设计规定颜料品种和用量与定额子目不同时,允许调整(颜料损耗3%)。采用普通水磨石加颜料(深色水磨石),颜料用量按设计要求计算。

⑦彩色镜面水磨石系指高级水磨石,按质量规范要求,其操作应按"五浆五磨"进行研磨.按七道"抛光"工序施工。

⑧金刚砂面层设计厚度与定额子目不同时,可换算。

⑨楼梯间、台阶水泥砂浆找平层,执行楼地面水泥砂浆找平层定额项目,其中人工费乘以系数4.41,机械费乘以系数1.52,水泥砂浆消耗量乘以系数1.38,其他不变。

(2)踢脚线

踢脚线均按高度150 mm编制,如设计规定高度与子目不同时,定额材料耗量按高度比例进行增减调整,其余不变。

(3)台阶定额子目

台阶定额子目不包括牵边及侧面抹灰,另执行零星抹灰子目。

2)工程量计算规则

(1)找平层、整体面层

整体面层及找平层按设计图示尺寸以面积计算。均应扣除凸出地面的构筑物、设备基础、室内铁道、地沟等所占的面积,但不扣除柱、垛、间壁墙、附墙烟囱及面积≤0.3 m² 孔洞所占的面积,而门洞、空圈、暖气包槽、壁龛的开口部分的面积亦不增加。

(2)楼梯面层

①楼梯面层按设计图示尺寸以楼梯(包括踏步、休息平台及≤500 mm 的楼梯井)水平投影面积计算。楼梯与楼地面相连时,算至梯口梁内侧边沿;无梯口梁者,算至最上一层踏步边沿加300 mm。

②单跑楼梯面层水平投影面积计算如图2.4.5所示。

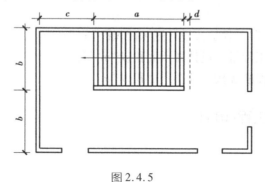

图2.4.5

a. 计算公式：$(a+d) \times b + 2bc$。

b. 当 $c > b$ 时，c 按 b 计算；当 $c \leqslant b$ 时，c 按设计尺寸计算。

c. 有锁口梁时，$d =$ 锁口梁宽度；无锁口梁时，$d = 300$ mm。

③防滑条按楼梯踏步两端距离减 300 mm 以延长米计算。

台阶按设计图示尺寸水平投影以面积计算，包括最上层踏步边沿加 300 mm。

楼地面踢脚线按设计尺寸延长米计算。

2.4.14　墙、柱面一般抹灰工程（0112）

1）说明

①本章中的砂浆种类、配合比，如设计或经批准的施工组织设计与定额规定不同时，允许调整，人工、机械不变。

②本章中的抹灰厚度如设计与定额规定不同时，允许调整。

③本章中的抹灰子目中已包括按图集要求的刷素水泥浆和建筑胶浆，不含界面剂处理，如设计要求时，按相应子目执行。

④抹灰中"零星项目"适用于：各种壁柜、碗柜、池槽、阳台栏板（栏杆）、雨篷线、天沟、扶手、花台、梯帮侧面、遮阳板、飘窗板、空调隔板以及凸出墙面宽度在 500 mm 以内的挑板、展开宽度在 500 mm 以上的线条及单个面积在 0.5 m² 以内的抹灰。

⑤抹灰中"线条"适用于：挑檐线、腰线、窗台线、门窗套、压顶、宣传栏的边框及展开宽度在 500 mm 以内的线条等抹灰。定额子目线条是按展开宽度 300 mm 以内编制的，当设计展开宽度小于 400 mm 时，定额子目乘以系数 1.33；当设计展开宽度小于 500 mm 时，定额子目乘以系数 1.67。

⑥抹灰子目中已包括护角工料，不另计算。

⑦外墙抹灰已包括分格起线工料，不另计算。

⑧砌体墙中的混凝土框架柱（薄壁柱）、梁抹灰并入混凝土抹灰相应定额子目。砌体墙中的圈梁、过梁、构造柱抹灰并入相应墙面抹灰项目中。

⑨页岩空心砖、页岩多孔砖墙面抹灰执行砖墙抹灰定额子目。

⑩女儿墙内侧抹灰按内墙面抹灰相应定额子目执行，无泛水挑砖者人工及机械费乘以系数 1.10，带泛水挑砖者人工及机械费乘以系数 1.30；女儿墙外侧抹灰按外墙面抹灰相应定额子目执行。

⑪弧形、锯齿形等不规则墙面抹灰，按相应定额子目人工乘以系数 1.15，材料乘以系数 1.05。

⑫如设计要求混凝土面需凿毛时，其费用另行计算。

⑬阳光窗侧壁及上下抹灰工程量并入内墙面抹灰计算。

2）工程量计算规则

①内墙面、墙裙抹灰工程量均按设计结构尺寸（有保温、隔热、防潮层者按其外表面尺寸）面积以"m²"计算。应扣除门窗洞口和单个面积 >0.3 m² 以上的空圈所占的面积，不扣除踢脚板、挂镜线及单个面积在 0.3 m² 以内的孔洞和墙与构件交接处的面积，但门窗洞口、空圈、孔洞的侧壁和顶面（底面）面积亦不增加。附墙柱（含附墙烟囱）的侧面抹灰应并入墙面、墙裙

抹灰工程量内计算。

②内墙面、墙裙的抹灰长度以墙与墙间的图示净长计算。其高度按下列规定计算：

a.无墙裙的,其高度按室内地面或楼面至天棚底面之间距离计算。

b.有墙裙的,其高度按墙裙顶至天棚底面之间距离计算。

c.有吊顶天棚的内墙抹灰,其高度按室内地面或楼面至天棚底面另加100 mm计算(有设计要求的除外)。

③外墙抹灰工程量按设计结构尺寸(有保温、隔热、防潮层者按其外表面尺寸)面积以"m²"计算。应扣除门窗洞口、外墙裙(墙面与墙裙抹灰种类相同者应合并计算)和单个面积>0.3 m²以上的孔洞所占面积,不扣除单个面积在0.3 m²以内的孔洞所占面积,门窗洞口及孔洞的侧壁、顶面(底面)面积亦不增加。附墙柱(含附墙烟囱)侧面抹灰面积应并入外墙面抹灰工程量内。

④柱抹灰按结构断面周长乘以抹灰高度以"m²"计算。

⑤"装饰线条"的抹灰按设计图示尺寸以"延长米"计算。

⑥"零星项目"的抹灰按设计图示展开面积以"m²"计算。

⑦单独的外窗台抹灰长度,如设计图纸无规定时,按窗洞口宽两边共加200 mm计算。

⑧钢丝(板)网铺贴按设计图示尺寸或实铺面积计算。

2.4.15　天棚面一般抹灰工程(0113)

1)说明

①本章中的砂浆种类、配合比,如设计或经批准的施工组织设计与定额规定不同时,允许调整,人工、机械不变。

②楼梯底板抹灰执行天棚抹灰相应定额子目,其中锯齿形楼梯按相应定额子目人工乘以系数1.35。

③天棚抹灰定额子目不包含基层打(钉)毛,如设计需要打毛时应另行计算。

④天棚抹灰装饰线定额子目是指天棚抹灰凸起线、凸出棱角线,装饰线道数以凸出的一个棱角为一道线。

⑤天棚和墙面交角抹灰呈圆弧形已综合考虑在定额子目中,不得另行计算。

⑥天棚装饰线抹灰定额子目中只包括凸出部分的工料,不包括底层抹灰的工料;底层抹灰的工料包含在天棚抹灰定额子目中,计算天棚抹灰工程量时不扣除装饰线条所占抹灰面积。

⑦天棚抹灰定额子目中已包括建筑胶浆人工、材料、机械费用,不再另行计算。

2)工程量计算规则

①天棚抹灰的工程量按墙与墙间的净面积以"m²"计算,不扣除柱、附墙烟囱、垛、管道孔、检查口、单个面积在0.3 m²以内的孔洞及窗帘盒所占的面积。有梁板(含密肋梁板、井字梁板、槽形板等)底的抹灰按展开面积以"m²"计算,并入天棚抹灰工程量内。

②檐口天棚宽度在500 mm以上的挑板抹灰应并入相应的天棚抹灰工程量内计算。

③阳台底面抹灰按水平投影面积以"m²"计算,并入相应天棚抹灰工程量内。阳台带悬臂梁者,其工程量乘以系数1.30。

④雨篷底面或顶面抹灰分别按水平投影面积(拱形雨篷按展开面积)以"m^2"计算,并入相应天棚抹灰工程量内。雨篷顶面带反沿或反梁者,其顶面工程量乘以系数 1.20;底面带悬臂梁者,其底面工程量乘以系数 1.20。

⑤板式楼梯底面抹灰面积(包括踏步、休息平台以及小于 500 mm 宽的楼梯井)按水平投影面积乘以系数 1.3 计算,锯齿楼梯底板抹灰面积(包括踏步、休息平台以及小于 500 mm 宽的楼梯井)按水平投影面积乘以系数 1.5 计算。

⑥计算天棚装饰线时,分别按三道线以内或五道线以内以"延长米"计算。

2.4.16　措施项目(0117)

1)说明

(1)一般说明

①本章定额包括脚手架工程、垂直运输、超高施工增加费、大型机械设备进出场及安拆。

②建筑物檐高是以设计室外地坪至檐口滴水的高度(平屋顶系指屋面板底高度,斜屋面系指外墙外边线与斜屋面板底的交点)为准。突出主体建筑物屋顶的楼梯间、电梯间、水箱间、屋面天窗、构架、女儿墙等不计入檐高之内。

③同一建筑物有不同檐高时,按建筑物的不同檐高纵向分割,分别计算建筑面积,并按各自的檐高执行相应子目。

④同一建筑物有几个室外地坪标高或檐口标高时,应按纵向分割的原则分别确定檐高;室外地坪标高以同一室内地坪标高面相应的最低室外地坪标高为准。

⑤同一承包单位范围内的二次装饰工程(精装),房屋建筑工程及装饰工程的脚手架、垂直运输及超高降效费应分别计算。

(2)脚手架工程

①本章脚手架是按钢管式脚手架编制的,施工中实际采用竹、木或其他脚手架时,不允许调整。

②综合脚手架和单项脚手架已综合考虑了斜道、上料平台、防护栏杆和水平安全网。

③本章定额未考虑地下室架料拆除后超过 30 m 的人工水平转运,发生时按实计算。

④各项脚手架消耗量中未包括脚手架基础加固。基础加固是指脚手架立杆下端以下或脚手架底座以下的一切做法(如混凝土基础、垫层等),发生时按批准的施工组织设计计算。

⑤综合脚手架:

a. 凡能够按"建筑面积计算规则"计算建筑面积的建筑工程,均按综合脚手架定额项目计算脚手架摊销费。

b. 综合脚手架已综合考虑了砌筑、浇筑、吊装、一般装饰等脚手架费用,除满堂基础和3.6 m 以上的天棚吊顶、幕墙脚手架及单独二次设计的装饰工程按规定单独计算外,不再计算其他脚手架摊销费。

c. 综合脚手架已包含外脚手架摊销费,其外脚手架按悬挑式脚手架、提升式脚手架综合考虑,外脚手架高度在 20 m 以上,外立面按有关要求或批准的施工组织设计采用落地式等双排脚手架进行全封闭的,另执行相应高度的双排脚手架子目,人工乘以系数 0.3,材料乘以系数 0.4。

d. 多层建筑综合脚手架按层高 3.6 m 以内进行编制,如层高超过 3.6 m 时,该层综合脚手架按每增加 1.0 m(不足 1 m 按 1 m 计算)增加系数 10% 计算。当该层层高大于 3.6 m 时,按综合脚手架、垂直运输相应定额项目执行,增加 1 m 时定额乘以系数 1.1,增加 2.0 m 时定额乘以系数 1.2,以此类推。

e. 执行综合脚手架的建筑物,有下列情况时,另执行单项脚手架子目:

● 砌筑高度在 1.2 m 以外的管沟墙及砖基础,按设计图示砌筑长度乘以高度以面积计算,执行里脚手架子目。

● 建筑物内的混凝土贮水(油)池、设备基础等构筑物,按相应单项脚手架计算。

● 建筑装饰造型及其他功能需要在屋面上施工现浇混凝土排架按双排脚手架计算。

● 按照建筑面积计算规范的有关规定未计入建筑面积,但施工过程中需搭设脚手架的部位(连梁),应另外执行单项脚手架项目。

⑥单项脚手架:

a. 凡不能按"建筑面积计算规则"计算建筑面积的建筑工程,确需搭设脚手架时,按单项脚手架项目计算脚手架摊销费。

b. 单项脚手架按施工工艺分项工程编制,不同分项工程应分别计算单项脚手架。

c. 悬空脚手架是通过特设的支承点用钢丝绳沿对墙面拉起,工作台在上面滑移施工,适用于悬挑宽度在 1.2 m 以上的有露出屋架的屋面板勾缝、油漆或喷浆等部位。

d. 悬挑脚手架是指悬挑宽度在 1.2 m 以内的采用悬挑形式搭设的脚手架。

e. 满堂式钢管支撑架是指在纵、横方向,由不小于三排立杆并与水平杆、水平剪刀撑、竖向剪刀撑、扣件等构成的,为钢结构安装或浇筑混凝土构件等搭设的承力支架。只包括搭拆的费用,使用费根据设计(含规范)或批准的施工组织设计另行计算。

f. 满堂脚手架是指在纵、横方向,由不小于三排立杆并与水平杆、水平剪刀撑、竖向剪刀撑、扣件等构成的操作脚手架。

g. 水平防护架和垂直防护架,均指在脚手架以外,单独搭设的用于车马通道、人行通道、临街防护和施工与其他物体隔离的水平及垂直防护架。

h. 安全过道是指在脚手架以外,单独搭设的用于车马通行、人行通行的封闭通道。不含两侧封闭防护,发生时另行计算。

i. 建筑物垂直封闭是在利用脚手架的基础上挂网的工序,不包含脚手架搭拆。

j. 采用单排脚手架搭设时,按双排脚手架子目乘以系数 0.7。

k. 水平防护架子目中的脚手板是按单层编制的,实际按双层或多层铺设时按实铺层数增加脚手板耗料,支撑架料耗量增加 20%,其他不变。

l. 砌砖工程高度在 1.35～3.6 m 以内者,执行里脚手架子目;高度在 3.6 m 以上者执行双排脚手架子目。砌石工程(包括砌块)、混凝土挡墙高度超过 1.2 m 时,执行双排脚手架子目。

m. 建筑物水平防护架、垂直防护架、安全通道、垂直封闭子目是按 8 个月施工期(自搭设之日起至拆除日期)编制的。超过 8 个月施工期的工程,子目中的材料应乘表 2.4.15 系数,其他不变。

表 2.4.15

施工期	10 个月	12 个月	14 个月	16 个月	18 个月	20 个月	22 个月	24 个月	26 个月	28 个月	30 个月
系数	1.18	1.39	1.64	1.94	2.29	2.7	3.19	3.76	4.44	5.23	6.18

n. 双排脚手架高度超过 110 m 时,高度每增加 50 m,人工增加 5%,材料、机械增加 10%。

o. 装饰工程脚手架按本章相应单项脚手架子目执行;采用高度 50 m 以上的双排脚手架子目,人工、机械不变,材料乘以系数 0.4;采用高度 50 m 以下的双排脚手架子目,人工、机械不变,材料乘以系数 0.6。

p. 装饰工程搭设满堂脚手架,装饰工程定额已包括施工高度在 3.6 m 以内简易脚手架的搭设费用,经批准的施工组织方案如需搭设 3.6 m 以下的满堂脚手架时,按房屋建筑工程满堂脚手架定额项目执行,其中材料费乘以系数 0.3,其他不变。装饰工程搭设 3.6 m 以上的满堂脚手架时,按房屋建筑工程满堂脚手架定额项目执行,其中材料费乘以系数 0.4,其他不变。

q. 满堂基础脚手架按满堂脚手架相应定额项目乘以系数 0.5 执行。

⑦其他脚手架:

电梯井架每一电梯台数为一孔,即为一座。

⑧外墙装饰工程采用吊篮施工时,按 2018 年《重庆市装配式建筑工程计价定额》电动高空作业吊篮定额项目执行。

(3)垂直运输

①本章施工机械是按常规施工机械编制的,实际施工不同时不允许调整,特殊建筑经建设、监理单位及专家论证审批后允许调整。

②垂直运输工作内容,包括单位工程在合理工期内完成全部工程项目所需要的垂直运输人工和机械台班,除本定额已编制的大型机械进出场及安拆子目外,其他垂直运输机械的进出场费、安拆费用已包括在台班单价中。

③本章垂直运输子目不包含基础施工所需的垂直运输费用,基础施工时按批准的施工组织设计按实计算。

④本定额多、高层垂直运输按层高 3.6 m 以内进行编制,如层高超过 3.6 m 时,该层垂直运输按每增加 1.0 m(不足 1 m 按 1 m 计算)增加系数 10% 计算。

⑤檐高 3.6 m 以内的单层建筑,不计算垂直运输机械。

⑥单层建筑物按不同结构类型及檐高 20 m 综合编制,多层、高层建筑物按不同檐高编制。

⑦地下室/半地下室及设有地下室/半地下室的房屋建筑工程垂直运输的规定如下:

a. 地下室无地面建筑物(或无地面建筑物的部分),按地下室结构顶面至底板结构上表面高差(以下简称"地下室深度")作为檐高。

b. 地下室有地面建筑的部分,"地下室深度"大于其上的地面建筑檐高时,以"地下室深度"作为计算垂直运输的檐高。"地下室深度"小于其上的地面建筑檐高时,按地面建筑相应檐高计算。

c. 垂直运输机械布置于地下室底层时,檐高应以布置点的地下室底板顶标高至檐口的高度计算,执行相应檐高的垂直运输子目。

(4)超高施工增加

①超高施工增加是指单层建筑物檐高大于 20 m、多层建筑物大于 6 层或檐高大于 20 m 的人工、机械降效、通信联络、高层加压水泵的台班费。

②单层建筑物檐高大于 20 m 时,按综合脚手架面积计算超高施工降效费,执行相应檐高定额子目乘以系数 0.2;多层建筑物大于 6 层或檐高大于 20 m 时,均应按超高部分的脚手架面积计算超高施工降效费,超过 20 m 且超过部分高度不足所在层层高时,按一层计算。

(5)大型机械设备进出场及安拆

①固定式基础:

a. 塔式起重机基础混凝土体积是按 30 m³ 以内综合编制的,施工电梯基础混凝土体积是按 8 m³ 以内综合编制的,实际基础混凝土体积超过规定值时,超过部分执行混凝土及钢筋混凝土工程章节中相应子目。

b. 固定式基础包含基础土石方开挖,不包含余渣运输等工作内容,发生时按相应项目另行计算。基础如需增设桩基础时,其桩基础项目另执行基础工程章节中相应子目。按施工组织设计或方案施工的固定式基础实际钢筋用量不同时,其超过定额消耗量部分执行现浇钢筋制作安装定额子目。

c. 自升式塔式起重机是按固定式基础、带配重确定的。不带配重的自升式塔式起重机固定式基础,按施工组织设计或方案另行计算。

d. 自升式塔式起重机行走轨道按施工组织设计或方案另行计算。

e. 混凝土搅拌站的基础按基础工程章节相应项目另行计算。

②特、大型机械安装及拆卸:

a. 自升式塔式起重机是以塔高 45 m 确定的,如塔高超过 45 m,每增高 10 m(不足 10 m 按 10 m 计算),安拆项目增加 20%。

b. 塔机安拆高度按建筑物塔机布置点地面至建筑物结构最高点加 6 m 计算。

c. 安拆台班中已包括机械安装完毕后的试运转台班。

③特、大型机械场外运输:

a. 机械场外运输是按运距 30 km 考虑的。

b. 机械场外运输综合考虑了机械施工完毕后回程的台班。

c. 自升式塔机是以塔高 45 m 确定的,如塔高超过 45 m,每增高 10 m,场外运输项目增加 10%。

④本定额特大型机械缺项时,其安装、拆卸、场外运输费发生时按实计算。

2)工程量计算规则

(1)综合脚手架

综合脚手架面积按建筑面积及附加面积之和以"m²"计算。建筑面积按《建筑面积计算规则》计算;不能计算建筑面积的屋面架构、封闭空间等的附加面积,按以下规则计算。

①屋面现浇混凝土水平构架的综合脚手架面积应按以下规则计算:

建筑装饰造型及其他功能需要在屋面上施工现浇混凝土构架,高度在 2.20 m 以上时,其面积大于或等于整个屋面面积 1/2 者,按其构架外边柱外围水平投影面积的 70% 计算;其面积大于或等于整个屋面面积 1/3 者,按其构架外边柱外围水平投影面积的 50% 计算;其面积小于整个屋面面积 1/3 者,按其构架外边柱外围水平投影面积的 25% 计算。

②结构内的封闭空间(含空调间)净高满足 1.2 m<h<2.1 m 时,按 1/2 面积计算;净高 h>2.1 m 时按全面积计算。

③高层建筑设计室外不加以利用的板或有梁板,按水平投影面积的 1/2 计算。

④骑楼、过街楼底层的通道按通道长度乘以宽度,以全面积计算。

(2)单项脚手架

①双排脚手架、里脚手架均按其服务面的垂直投影面积以"m²"计算,其中:

a. 不扣除门窗洞口和空圈所占面积。

b. 独立砖柱高度在 3.6 m 以内者,按柱外围周长乘以实砌高度按里脚手架计算;高度在 3.6 m 以上者,按柱外围周长加 3.6 m 乘以实砌高度,按单排脚手架计算;独立混凝土柱按柱外围周长加 3.6 m 乘以浇筑高度,按双排脚手架计算。

c. 独立石柱高度在 3.6 m 以内者,按柱外围周长乘以实砌高度计算工程量;高度在 3.6 m 以上者,按柱外围周长加 3.6 m 乘以实砌高度计算工程量。

d. 围墙高度从自然地坪至围墙顶计算,长度按墙中心线计算,不扣除门所占的面积,但门柱和独立门柱的砌筑脚手架不增加。

②悬空脚手架按搭设的水平投影面积以"m²"计算。

③挑脚手架按搭设长度乘以搭设层数以"延长米"计算。

④满堂脚手架按搭设的水平投影面积以"m²"计算,不扣除垛、柱所占的面积。满堂基础脚手架工程量按其底板面积计算。高度在 3.6~5.2 m 时,按满堂脚手架基本层计算;高度超过 5.2 m 时,每增加 1.2 m,按增加一层计算,增加层的高度若在 0.6 m 以内,舍去不计。

⑤满堂式钢管支架工程量按搭设的水平投影面积乘以支撑高度以"m³"计算,不扣除垛、柱所占的体积。

⑥水平防护架按脚手板实铺的水平投影面积以"m²"计算。

⑦垂直防护架以两侧立杆之间的距离乘以高度(从自然地坪算至最上层横杆)以"m²"计算。

⑧安全过道按搭设的水平投影面积以"m²"计算。

⑨建筑物垂直封闭工程量按封闭面的垂直投影面积以"m²"计算。

⑩电梯井字架按搭设高度以"座"计算。

(3)建筑物垂直运输

建筑物垂直运输面积,应分单层、多层和檐高,按综合脚手架面积以"m²"计算。

(4)超高施工增加

超高施工增加工程量应分不同檐高,按建筑物超高(单层建筑物檐高>20 m,多层建筑物大于 6 层或檐高>20 m)部分的综合脚手架面积以"m²"计算。

(5)大型机械设备安拆及场外运输

①大型机械设备安拆及场外运输按使用机械设备的数量以"台次"计算。

②起重机固定式、施工电梯基础以"座"计算。

2.4.17 楼地面装饰工程(0111)

1)说明

(1)块料面层

①同一铺贴面上如有不同种类、材质的材料,分别按本章相应定额子目执行。

②镶贴块料子目是按规格料考虑的,如需倒角、磨边者,按相应定额子目执行。

③块料面层中单、多色已综合编制,颜色不同时,不作调整。

④单个镶拼面积小于 0.015 m² 的块料面层执行石材点缀定额,材料品种不同可换算。

⑤块料面层斜拼、工字形、人字形等拼贴方式执行块料面层斜拼定额子目。

⑥块料面层的水泥砂浆粘结厚度按 20 mm 编制,实际厚度不同时可按实调整。

⑦块料面层的勾缝按白水泥编制,实际勾缝材料不同时可按实调整。

⑧块料面层现场拼花项目是按现场局部切割并分色镶贴成直线、折线图案综合编制的,现场局部切割并分色镶贴成弧形或不规则形状时,按相应项目人工乘以系数 1.2,块料消耗量损耗按实调整。

⑨楼地面贴青石板按装饰石材相应定额子目执行。

⑩玻璃地面的钢龙骨、玻璃龙骨设计用量与定额子目不同时,允许调整,其余不变。

⑪块料面层定额项目不包含找平层砂浆。

(2)地毯分色、对花、镶边

人工乘以系数 1.10,地毯损耗按实调整,其余不变。

(3)踢脚线

①成品踢脚线按 150 mm 编制,设计高度与定额不同时,材料允许调整,其余不变。

②木踢脚线不包括压线条,如设计要求时,按相应定额子目执行。

③踢脚线为弧形时,人工乘以系数 1.15,其余不变。

④楼梯段踢脚线按相应定额子目人工乘以系数 1.15,其余不变。

(4)楼梯面层定额子目

按直形楼梯编制,弧形楼梯楼地面面层按相应定额子目人工、机械乘以系数 1.20,块料用量按实调整。螺旋形楼梯楼面层按相应定额子目人工、机械乘以系数 1.30,块料用量按实调整。

(5)零星装饰项目

适用于楼梯侧面、楼梯踢脚线中的三角形块料、台阶的牵边、小便池、蹲台、池槽,以及单个面积在 0.5 m² 以内的其他零星项目。

(6)石材底面刷养护液

包括侧面涂刷。

2)工程量计算规则

(1)块料面层、橡塑面层及其他材料面层

①块料面层、橡塑面层及其他材料面层,按设计图示面积以"m²"计算。门洞、空圈、暖气包槽、壁龛的开口部分并入相应的工程量内。

②拼花部分按实铺面积以"m²"计算,块料拼花面积按拼花图案最大外接矩形计算。

③石材点缀按"个"计算,计算铺贴地面面积时,不扣除点缀所占面积。

(2)踢脚线

按设计图示长度以"延长米"计算。

(3)楼梯面层

按设计图示楼梯(包括踏步、休息平台及≤500 mm的楼梯井)水平投影面积以"m²"计算。

楼梯与楼地面相连时,算至梯口梁内侧边沿;无梯口梁者,算至最上一层踏步边沿加300 mm。

其中,单跑楼梯面层水平投影面积计算如图2.4.6所示:

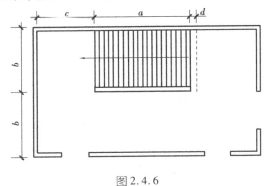

图2.4.6

①计算公式:$(a+d)\times b+2bc$。

②当$c>b$时,c按b计算;当$c\leq b$时,c按设计尺寸计算。

③有锁口梁时,$d=$锁口梁宽度;无锁口梁时,$d=300$ mm。

(4)台阶面层

按设计图示水平投影面积以"m²"计算,包括最上层踏步边沿加300 mm。

(5)零星项目

按设计图示面积以"m²"计算。

(6)其他

①石材底面刷养护液工程量按设计图示底面积以"m²"计算。

②石材表面刷保护液、晶面护理按设计图示表面积以"m²"计算。

2.4.18　装饰墙柱面工程(0112)

1)说明

(1)装饰抹灰

①本章中的砂浆种类、配合比,如设计或经批准的施工组织设计与定额规定不同时,允许调整,人工、机械不变。

②本章中的抹灰厚度如设计与定额规定不同时,允许调整。

③本章中的抹灰子目中已包括按图集要求的刷素水泥浆和建筑胶浆,不含界面剂处理,如设计要求时,按相应子目执行。

④抹灰中"零星项目"适用于:各种天沟、扶手、花台、梯帮侧面,以及凸出墙面宽度在500 mm 以内的挑板、展开宽度在500 mm 以上的线条及单个面积在 0.5 m² 以内的抹灰。

⑤弧形、锯齿形等不规则墙面抹灰按相应定额子目人工乘以系数 1.15,材料乘以系数 1.05。

⑥如设计要求混凝土面需凿毛时,其费用另行计算。

⑦墙面面砖专用勾缝剂勾缝块料面层规格是按周长 1 600 mm 考虑的,当面砖周长小于 1 600 mm 时,按定额执行;当面砖周长大于 1 600 mm 时,按定额项目乘以系数 0.75 执行。

⑧墙面面砖勾缝宽度与定额规定不同时,勾缝剂耗量按缝宽比例进行调整,人工不变。

⑨柱面采用专用勾缝剂套用墙面勾缝相应定额子目,人工乘以系数 1.15,材料乘以系数 1.05。

(2)块料面层

①镶贴块料子目中,面砖分别按缝宽 5 mm 和密缝考虑,如灰缝宽度不同,其块料及灰缝材料(水泥砂浆 1∶1)用量允许调整,其余不变。调整公式如下(面砖损耗及砂浆损耗率详见损耗率表):

10 m² 块料用量 = 10 m²×(1+损耗率)÷[(块料长+灰缝宽)×(块料宽+灰缝宽)]

10 m² 灰缝砂浆用量 = (10 m²—块料长×块料宽×10 m² 相应灰缝的块料用量)×灰缝深×(1+损耗率)。

②本章块料面层定额子目只包含结合层砂浆,未包含基层抹灰面砂浆。

③块面面层结合层使用白水泥砂浆时,套用相应定额子目,结合层水泥砂浆中的普通水泥换成白水泥,消耗量不变。

④镶贴块料及墙柱面装饰"零星项目"适用于:各种壁柜、碗柜、池槽、阳台栏板(栏杆)、雨篷线、天沟、扶手、花台、梯帮侧面、遮阳板、飘窗板、空调隔板、压顶、门窗套、扶手、窗台线以及凸出墙面宽度在 500 mm 以内的挑板、展开宽度在 500 mm 以上的线条及单个面积在 0.5 m² 以内的项目。

⑤镶贴块料面层均不包括切斜角、磨边,如设计要求切斜角、磨边时,按"其他工程"章节相应定额子目执行。弧形石材磨边人工乘以系数 1.3;直形墙面贴弧形图案时,其弧形部分块料损耗按实调整,弧形部分每 100 m 增加人工 6 工日。

⑥弧形墙柱面贴块料及饰面时,按相应定额子目人工乘以系数 1.15,材料乘以系数 1.05,其余不变。

⑦弧形墙柱面干挂石材或面砖钢骨架基层时,按相应定额子目人工乘以系数 1.15,材料乘以系数 1.05,其余不变。

⑧墙柱面贴块料高度在 300 mm 以内者,按踢脚板定额子目执行。

⑨干挂定额子目仅适用于室内装饰工程。

(3)其他饰面

①本章定额子目中龙骨(骨架)材料消耗量,如设计用量与定额取定用量不同时,材料消耗量应予调整,其余不变。

②墙面木龙骨基层是按双向编制的,如设计为单向时,人工乘以系数 0.55。

③隔墙(间壁)、隔断(护壁)面层定额子目均未包括压条、收边、装饰线(板),如设计要求

时,按相应定额子目执行。

④墙柱面饰面板拼色、拼花按相应定额子目人工乘以系数1.5,材料耗量允许调整,机械不变。

⑤木龙骨、木基层均未包括刷防火涂料,如设计要求时,按相应定额子目执行。

⑥墙柱面饰面高度在300 mm以内者,按踢脚板定额执行。

⑦外墙门窗洞口侧面及顶面(底面)的饰面面层工程量并入相应墙面。

⑧装饰钢构架适用于屋顶平面或立面起装饰作用的钢构架。

⑨零星钢构件适用于台盆、浴缸、空调支架及质量在50 kg内的单个钢构件。

⑩铁件、金属构件除锈是按手工除锈编制的,若采用机械(喷砂或抛丸)除锈时,执行金属构件章节中相应定额子目。

⑪铁件、金属构件已包含刷防锈漆一遍,若设计需要刷第二遍或多遍防锈漆时,按相应定额子目执行。

⑫铝塑板、铝单板定额子目仅适用于室内装饰工程。

(4)幕墙、隔断

①铝合金明框玻璃幕墙是按120系列、隐框和半隐框玻璃幕墙是按130系列、铝塑板(铝板)幕墙是按110系列编制的。幕墙定额子目在设计与定额材料消耗量不同时,材料允许调整,其余不变。

②玻璃幕墙设计有开窗者,并入幕墙面积计算,窗型材、窗五金用量相应增加,其余不变。

③点支式支撑全玻璃幕墙定额子目不包括承载受力结构。

④每套不锈钢玻璃爪包括驳接头、驳接爪、钢底座。定额不分爪数,设计不同时可以换算,其余不变。

⑤玻璃幕墙中的玻璃是按成品玻璃编制的;幕墙中的避雷装置已综合,幕墙的封边、封顶按本章相应定额项目执行,封边、封顶材料与定额不同时,材料允许调整,其余不变。

⑥斜面幕墙指倾斜度超过5%的幕墙,斜面幕墙按相应幕墙定额子目人工、机械乘以系数1.05执行,其他不变;曲面、弧形幕墙按相应幕墙定额子目人工、机械乘以系数1.2执行,其余不变。

⑦干挂石材幕墙和金属板幕墙定额子目适用于按照《金属与石材幕墙技术规范》(JGJ 133—2013)、《建筑装饰装修工程质量验收规范》(JB 50210—2001)进行设计、施工、质量检测和验收的室外围护结构或室外墙、柱、梁装饰干挂石材面和金属板面。室内干挂石材如采用《金属与石材幕墙技术规范》(JGJ 133—2013),执行石材幕墙定额。

⑧定额钢材消耗量不含钢材镀锌层增加质量。铝合金型材消耗量为铝合金型材理论净重,不含包装增加质量。

⑨卫生间成品隔断当设计每套的隔断面积与定额不同时,可以按设计用量进行调整。

2)工程量计算规则

(1)装饰抹灰

①内墙面、墙裙抹灰工程量均按设计结构面积(有保温、隔热、防潮层者按其外表面尺寸)以"m²"计算。应扣除门窗洞口和单个面积大于0.3 m²的空圈所占的面积,不扣除踢脚板、挂

镜线及单个面积在 0.3 m² 以内的孔洞和墙与构件交接处的面积,但门窗洞口、空圈、孔洞的侧壁和顶面(底面)面积亦不增加。附墙柱(含附墙烟囱)的侧面抹灰应并入墙面、墙裙抹灰工程量内计算。

②内墙面、墙裙的抹灰长度以墙与墙间的图示净长计算。其高度按下列规定计算:

a. 无墙裙的,其高度按室内地面或楼面至天棚底面之间距离计算。

b. 有墙裙的,其高度按墙裙顶至天棚底面之间距离计算。

c. 有吊顶天棚的内墙抹灰,其高度按室内地面或楼面至天棚底面另加 100 mm 计算(有设计要求的除外)。

③外墙抹灰工程量按设计结构面积(有保温、隔热、防潮层者按其外表面尺寸)以"m²"计算。应扣除门窗洞口、外墙裙(墙面与墙裙抹灰种类相同者应合并计算)和单个面积大于 0.3 m² 的孔洞所占面积,不扣除单个面积在 0.3 m² 以内的孔洞所占面积,门窗洞口及孔洞的侧壁、顶面(底面)面积亦不增加。附墙柱(含附墙烟囱)侧面抹灰面积应并入外墙面抹灰工程量内。

④柱抹灰按结构断面周长乘以抹灰高度以"m"计算。

⑤装饰抹灰分格、填色按设计图示展开面积以"m²"计算。

⑥"零星项目"的抹灰按设计图示展开面积以"m²"计算。

⑦单独的外窗台抹灰长度,如设计图纸无规定时,按窗洞口宽两边共加 200 mm 计算。

(2)块料面层

①墙柱面块料面层,按设计饰面层实铺面积以"m²"计算,应扣除门窗洞口和单个面积大于 0.3 m² 的空圈所占的面积,不扣除单个面积在 0.3 m² 以内的孔洞所占面积。

②专用勾缝剂工程量计算按块料面层计算规则执行。

(3)其他饰面

墙柱面其他饰面面层,按设计饰面层实铺面积以"m²"计算,龙骨、基层按饰面面积以"m²"计算,应扣除门窗洞口和单个面积大于 0.3 m² 的空圈所占的面积,不扣除单个面积在 0.3 m² 以内的孔洞所占面积。

(4)幕墙、隔断

①全玻幕墙按设计图示面积以"m²"计算。带肋全玻幕墙的玻璃肋 并入全玻幕墙内计算。

②带骨架玻璃幕墙按设计图示框外围面积以"m²"计算。与幕墙同种材质的窗所占面积不扣除。

③金属幕墙、石材幕墙按设计图示框外围面积以"m²"计算,应扣除门窗洞口面积,门窗洞口侧壁工程量并入幕墙面积计算。

④幕墙定额子目不包含预埋铁件或后置埋件,发生时按实计算。

⑤幕墙定额子目不包含防火封层,防火封层按设计图示展开面积以"m²"计算。

⑥全玻幕墙钢构架制安按设计图示尺寸计算的理论质量以"t"计算。

⑦隔断按设计图示外框面积以"m²"计算,应扣除门窗洞口及单个在 0.3 m² 以上的孔洞所占面积,门窗按相应定额子目执行。

⑧全玻隔断的装饰边框工程量按设计尺寸以"延长米"计算,玻璃隔断按框外围面积以

"m^2"计算。

⑨玻璃隔断如有加强肋者,肋按展开面积并入玻璃隔断面积内以"m^2"计算。

⑩钢构架制作、安装按设计图示尺寸计算的理论质量以"kg"计算。

2.4.19　天棚工程(0113)

1)说明

①本章中铁件、金属构件除锈是按手工除锈编制的,若采用机械(喷砂或抛丸)除锈时,执行金属构件章节中相应定额子目,按质量每吨扣除手工除锈人工3.4工日。

②本章中铁件、金属构件已包括刷防锈漆一遍,如设计需要刷第二遍及多遍防锈漆时,按相应定额子目执行。

③本章龙骨的种类、间距、规格和基层、面层材料的型号、规格是按常用材料和常用做法编制的,如设计与定额不同时,材料耗量应予调整,其余不变。

④当天棚面层为拱、弧形时,称为拱(弧)形天棚;天棚面层为球冠时,称为工艺穹顶。

⑤在同一功能分区内,天棚面层无平面高差的为平面天棚,天棚面层有平面高差的为跌级天棚。跌级天棚基层板及面层按平面相应定额子目人工乘以系数1.2。

⑥斜平顶天棚龙骨、基层、面层按平面定额子目人工乘以系数1.15,其余不变。

⑦拱(弧)形天棚基层、面层板按平面定额子目人工乘以系数1.3,面层材料乘以系数1.05,其余不变。

⑧包直线形梁、造直线形假梁按柱面相应定额子目人工乘以系数1.2,其余不变。

⑨包弧线形梁、造弧线形假梁按柱面相应定额子目人工乘以系数1.35,材料乘以系数1.1,其余不变。

⑩天棚装饰定额子目缺项时,按其他章节相应定额子目人工乘以系数1.3,其余不变。

⑪本章吸音层厚度如设计与定额规定不同时,材料消耗量应予调整,其余不变。

⑫本章平面天棚和跌级天棚不包括灯槽的制作安装。灯槽制作安装应按本章相应定额子目执行。定额中灯槽是按展开宽度600 mm以内编制的,如展开宽度大于600 mm时,其超过部分并入天棚工程量计算。

⑬本章定额子目中(除金属构件子目外)未包括防火、除锈、油漆等内容,发生时,按"油漆、涂料、裱糊工程"章节中相应定额子目执行。

⑭天棚装饰面层未包括各种收口条、装饰线条,发生时,按"其他装饰工程"章节中相应定额子目执行。

⑮天棚面层未包含开孔(检修孔除外)费用,发生时,按开灯孔相应定额子目执行,其中开空调风口执行开格式灯孔定额子目。

⑯本章定额轻钢龙骨和铝合金龙骨不上人型吊杆长度按600 mm编制,上人型吊杆长度按1 400 mm编制。吊杆长度大于定额规定时应按实调整,其余不变。

⑰天棚基层、面层板现场钻吸音孔时,每100 m^2增加6.5工日。

⑱天棚检修孔已包括在天棚相应定额子目内,不另计算。如材质与天棚不同时,另行计算;如设计有嵌边线条时,按"其他装饰工程"章节中相应定额子目执行。

⑲天棚面层板缝贴自粘胶带费用已包含在相应定额子目内,不再另行计算。

2) 工程量计算规则

①各种吊顶天棚龙骨按墙与墙之间面积以"m²"计算(多级造型、拱弧形、工艺穹顶天棚、斜平顶龙骨按设计展开面积计算),不扣除窗帘盒、检修孔、附墙烟囱、柱、垛和管道、灯槽、灯孔所占面积。

②天棚基层、面层按设计展开面积以"m²"计算,不扣除附墙烟囱、垛、检查口、管道、灯孔所占面积,但应扣除单个面积在 0.3 m² 以上的孔洞、独立柱、灯槽及与天棚相连的窗帘盒所占的面积。

③采光天棚按设计框外围展开面积以"m²"计算。

④楼梯底面的装饰面层工程量按设计展开面积以"m²"计算。

⑤网架按设计图示水平投影面积以"m²"计算。

⑥灯带、灯槽按长度以"延长米"计算。

⑦灯孔、风口按"个"计算。

⑧格栅吊顶、藤条造型悬挂吊顶、织物软雕吊顶和装饰网架吊顶,按设计图示水平投影面积以"m²"计算。

⑨本章中天棚吊顶型钢骨架工程量按设计图示尺寸计算的理论质量以"t"计算。

2.4.20　门窗工程(0108)(第二册)

1) 说明

(1) 木门

①装饰木门扇包括:木门扇制作,木门扇面贴木饰面胶合板,包不锈钢板、软包面。

②双面贴饰面板实心基层门扇是按基层木工(夹)板一层粘贴编制的,如设计为木工板二层粘贴时,材料按实调整,其余不变。

③局部或半截门扇和格栅门扇制作子目中,面板是按整片开洞考虑的,如不同时,材料按实调整,其余不变。

④如门、窗套上设计有雕花饰件、装饰线条等,按相应定额子目执行。

⑤门扇装饰面板为拼花、拼纹时,按相应定额子目的人工乘以系数 1.45,材料按实计算,其余不变。

⑥装饰木门设计有特殊要求时,材料按实调整,其余不变。

⑦若门套基层、饰面板为拱、弧形时,按相应定额子目的人工乘以系数 1.30,材料按实调整,其余不变。

⑧成品套装门安装包括门套和门扇的安装。

(2) 金属门、窗

①铝合金门窗现场制作安装、成品铝合金门窗安装铝合金型材均按 40 系列、单层钢化白玻璃编制。当设计与定额子目不同时,可以调整。安装子目中已含安装固定门窗小五金配件材料及安装费用,门窗的其他五金配件按相应定额子目执行。

②成品铝合金门窗按工厂成品、现场安装编制(除定额说明外)。成品铝合金门窗价格均已包括玻璃及五金配件的费用,定额包括安装固定门窗小五金配件材料及安装费用与辅料耗量。

（3）其他门

①全玻璃门扇安装项目按地弹门编制,定额子目中地弹簧消耗量可按实际调整。门其他五金件按相应定额子目执行。

②全玻璃门门框、横梁、立柱钢架的制作安装及饰面装饰,按相应定额子目执行。

③电动伸缩门含量不同时,其伸缩门及轨道允许换算;打凿混凝土工程量另行计算。

2）工程量计算规则

（1）木门

①装饰门扇面贴木饰面胶合板,包不锈钢板、软包面制作按门扇外围设计图示面积以"m²"计算。

②成品装饰木门扇安装按门扇外围设计图示面积以"m²"计算。

③成品套装木门安装以"扇（樘）"计算。

④成品防火门安装按设计图示洞口面积以"m²"计算。

⑤吊装滑动门轨按长度以"延长米"计算。

⑥五金件安装以"套"计算。

（2）金属门窗

①铝合金门窗现场制作安装按设计图示洞口面积以"m²"计算。

②成品铝合金门窗（飘凸窗、阳台封闭、纱门窗除外）安装按门窗洞口设计图示面积以"m²"计算。

③铝合金门连窗按设计图示洞口面积分别计算门、窗面积,其中窗的宽度算至门框的边外线。

④铝合金飘凸窗、阳台封闭、纱门窗按设计图示框型材外围面积以"m²"计算。

（3）其他门

①电子感应门、转门、电动伸缩门均以"樘"计算;电磁感应装置以"套"计算。

②全玻有框门扇按扇外围设计图示面积以"m²"计算。

③全玻无框（条夹）门扇按扇外围设计图示面积以"m²"计算,高度算至条夹外边线,宽度算至玻璃外边线。

④全玻无框（点夹）门扇按扇外围设计图示面积以"m²"计算。

（4）门钢架、门窗套

①门钢架按设计图示尺寸以"t"计算。

②门钢架基层、面层按饰面外围设计图示面积以"m²"计算。

③成品门框、门窗套线按设计图示最长边以"延长米"计算。

（5）窗台板、窗帘盒、轨

①窗台板按设计图示长度乘宽度以"m²"计算。图纸未注明尺寸的,窗台板长度可按窗框的外围宽度两边加 100 mm 计算。窗台板凸出墙面的宽度按墙面外加 50 mm 计算。

②窗帘盒、窗帘轨按设计图示长度以"延长米"计算。

③窗帘按设计图示轨道高度乘以宽度以"m²"计算。

2.4.21　油漆、涂料、裱糊工程(0114)

1)说明

①本章中油漆、涂料饰面涂刷是按手工操作编制的,喷涂是按机械操作编制的,实际操作方法不同时,不作调整。

②本章定额内规定的喷涂、涂刷遍数与设计要求不同时,应按每增、减一遍定额子目进行调整。

③抹灰面油漆、涂料、裱糊子目均未包括刮腻子,如发生时,另按相应定额子目执行。

④附着安装在同材质装饰面上的木线条、石膏线条等油漆、涂料,与装饰面同色者,并入装饰面计算;与装饰面分色者,另单独按线条定额子目执行。

⑤天棚面刮腻子、刷油漆及涂料时,按抹灰面相应定额子目人工乘以系数 1.3,材料乘以系数 1.1。

⑥混凝土面层(打磨后)直接刮腻子基层时,执行相应定额子目,其定额人工乘以系数 1.1。

⑦零星项目刮腻子、刷油漆及涂料时,按抹灰面相应定额子目人工乘以系数 1.45,材料乘以系数 1.3。

⑧独立柱(梁)面刮腻子、刷油漆及涂料时,按墙面相应定额子目执行,人工乘以系数 1.1,材料乘以系数 1.05。

⑨抹灰面刮腻子、油漆、涂料定额子目中"零星子目"适用于:小型池槽、压顶、垫块、扶手、门框、阳台立柱、栏杆、栏板、挡水线、挑出梁柱、墙外宽度小于 500 mm 的线(角)、板(包含空调板、阳光窗、雨篷)以及单个体积不超过 0.02 m³ 的现浇构件等。

⑩油漆涂刷不同颜色的工料已综合在定额子目内,颜色不同的,人工、材料不作调整。

⑪油漆、喷涂在同一平面上分色和门窗内外分色时,人工、材料已综合在定额子目内。如设计规定做美术图案者,另行计算。

⑫单层木门窗刷油漆是按双面刷油编制的,若采用单面刷油时,按相应定额子目乘以系数 0.49。

⑬单层钢门、窗和其他金属面设计需刷两遍防锈漆时,增加一遍按刷一遍防锈漆定额子目人工乘以系数 0.74,材料乘以系数 0.9 计算。

⑭隔墙木龙骨刷防火涂料(防火漆)定额子目适用于:隔墙、隔断、间壁、护壁、柱木龙骨。

⑮本章定额中硝基清漆磨退出亮定额子目是按达到漆膜面上的白雾光消除并出亮编制的,实际操作中刷、涂遍数不同时,不得调整。

⑯木基层板面刷防火涂料、防火漆,均执行木材面刷防火涂料、防火漆相应定额子目。

⑰本章定额中防锈漆定额子目包含手工除锈,若采用机械(喷砂或抛丸)除锈时,执行"金属结构工程"章节中除锈的相应定额子目,防锈漆项目中的除锈用工亦不扣除。

⑱拉毛面上喷(刷)油漆、涂料时,均按抹灰面油漆、涂料相应定额子目执行,其人工乘以系数 1.2,材料乘以系数 1.6。

⑲外墙面涂饰定额子目均不包括分格嵌缝,当设计要求做分格缝时,材料消耗增加 5%,人工按 1.5 工日/100 m² 增加计算。

⑳本章节金属结构防火涂料分超薄型、薄型、厚型三种,超薄型、薄型防火涂料定额子目适用于设计耐火时限 2 小时以内,厚型防火涂料定额子目适用于设计耐火时限 2 小时以上,3 小时以内。

㉑金属结构防火涂料定额子目按涂料密度 500 kg/m³ 考虑,当设计与定额取定的涂料密度不同时,防火涂料消耗量可以调整,其余不变。

㉒单独门框油漆按木门油漆定额子目乘以系数 0.4 执行。

㉓凹凸型涂料适用于肌理漆等不平整饰面。

㉔本定额隔墙木龙骨基层刷防火涂料是按双向龙骨编制的,如实际为单向龙骨时,其人工、材料乘以系数 0.6。

㉕踢脚线刷乳胶漆按装饰油漆章节中"零星项目"执行。

㉖贴墙纸基层采用刷基膜封闭防潮时,执行墙纸基层刷基膜定额项目和贴墙纸相应定额项目,同时扣除贴墙纸相应定额项目中的建筑胶和酚醛清漆的消耗量,人工 0.148 工日/10 m²。采用酚醛清漆封闭防潮时,执行贴墙纸相应定额项目。

2) 工程量计算规则

①抹灰面油漆、涂料工程量按相应的抹灰工程量计算规则计算。

②龙骨、基层板刷防火涂料(防火漆)的工程量按相应的龙骨、基层板工程量计算规则计算。

③木材面及金属面油漆工程量分别按本章附表相应的计算规则计算。

④木楼梯(不包括底面)油漆,按水平投影面积乘以系数 2.3,执行木地板油漆相应定额子目。

⑤木地板油漆、打蜡工程量按设计图示面积以"m²"计算。空洞、空圈、暖气包槽、壁龛的开口部分并入相应的工程量内。

⑥裱糊工程量按设计图示面积以"m²"计算,应扣除门窗洞口所占面积。

⑦混凝土花格窗、栏杆花饰油漆、涂料工程量按单面外围面积乘以系数 1.82 计算。

附表:

木材面油漆

执行木门油漆定额的其他项目,其定额子目乘以相应系数

项目名称	系数	工程量计算方法
单层木门	1.00	按单面洞口面积计算
双层(一玻一纱)木门	1.36	
双层(单裁口)木门	2.00	
单层全玻门	0.83	
木百叶门	1.25	
厂库房大门	1.10	

木窗油漆定额的其他项目,其定额子目乘以下表相应系数:

项目名称	系数	工程量计算方法
单层玻璃窗	1.00	按单面洞口面积计算
双层(一玻一纱)木窗	1.36	
双层(单裁口)木窗	2.00	
双层框三层(二玻一纱)木窗	2.60	
单层组合窗	0.83	
双层组合窗	1.13	
木百叶窗	1.50	

执行木扶手定额的其他项目,其定额子目乘以下表相应系数:

项目名称	系数	工程量计算方法
木扶手(不带托板)	1.00	以"延长米"计算
木扶手(带托板)	2.60	
窗帘盒	2.04	
封檐板、顺水板	1.74	
挂衣板、黑板框、木线条100 mm以外	0.52	
挂镜线、窗帘棍、木线条100 mm以内	0.35	

执行其他木材面油漆定额的其他项目,其定额子目乘以下表相应系数:

项目名称	系数	工程量计算方法
木板、木夹板、胶合板天棚(单面)	1.00	长×宽
木护墙、木墙裙	1.00	
窗台板、盖板、门窗套、踢脚线	1.00	
清水板条天棚、檐口	1.07	
木格栅吊顶天棚	1.20	
鱼鳞板墙	2.48	
吸音板墙面、天棚面	1.00	
屋面板(带檩条)	1.11	斜长×宽
木间壁、木隔断	1.90	单面外围面积
玻璃间壁露明墙筋	1.65	单面外围面积
木栅栏、木栏杆(带扶手)	1.82	
木屋架	1.79	跨度(长)×中高×1/2
衣柜、壁柜	1.00	按实刷展开面积
梁柱饰面、零星木装修	1.00	展开面积

金属面油漆

执行单层钢门窗油漆定额的其他项目,其定额子目乘以下表相应系数:

项目名称	系数	工程量计算方法
单层钢门窗	1.00	洞口面积
双层(一玻一纱)钢门窗	1.48	
钢百叶钢门	2.74	
半截百叶钢门	2.22	
钢门或包铁皮门	1.63	
钢折叠门	2.30	
射线防护门	2.96	框(扇)外围面积
厂库平开、推拉门	1.70	
铁(钢)丝网大门	0.81	
金属间壁	1.85	长×宽
平板屋面(单面)	0.74	斜长×宽
瓦垄板屋面(单面)	0.89	
排水、伸缩缝盖板	0.78	展开面积
钢栏杆	0.92	单面外围面积

执行其他金属面油漆定额的其他项目,其定额子目乘以下表相应系数:

项目名称	系数	工程量计算方法
钢屋架、天窗架、挡风架、屋架梁、支撑、檩条	1.00	质量(t)
墙架(空腹式)	0.50	
墙架(格板式)	0.82	
钢柱、吊车梁、花式梁、柱、空花构件	0.63	
操作台、走台、制动梁、钢梁车挡	0.71	
钢栅栏门、窗栅	1.71	
钢爬梯	1.18	
轻型屋架	1.42	
踏步式钢扶梯	1.05	
零星铁件	1.32	

2.4.22　其他装饰工程(0115)

1)说明

本章定额包括柜类、货架,压条、装饰线,扶手、栏杆、栏板装饰,浴厕配件,雨篷、旗杆,招牌、灯箱,美术字等。

(1)柜类、货架

柜台、收银台、酒吧台、货架、附墙衣柜等系参考定额,材料消耗量可按实调整。

(2)压条、装饰线

①压条、装饰线均按成品安装考虑。

②装饰线条(顶角装饰线除外)按直线形在墙面安装考虑。墙面安装圆弧形装饰线条以及天棚面安装直线形、圆弧形装饰线条的,按相应项目乘以系数执行:

a.墙面安装圆弧形装饰线条,人工乘以系数1.2,材料乘以系数1.1。

b.天棚面安装直线形装饰线条,人工乘以系数1.34。

c.天棚面安装圆弧形装饰线条,人工乘以系数1.6,材料乘以系数1.1。

d.装饰线条做艺术图案,人工乘以系数1.8,材料乘以系数1.1。

e.装饰线条直接安装在金属龙骨上,人工乘以系数1.68。

③石材、面砖磨边、开孔均按现场制作加工考虑,其中磨边按直形边考虑,圆弧形磨边时,按相应定额子目人工乘以系数1.3,其余不变。

④打玻璃胶子目适用于墙面装饰面层单独打胶的情况。

(3)扶手、栏杆、栏板装饰

①定额中铁件、金属构件除锈是按手工除锈编制的,若采用机械(喷砂或抛丸)除锈时,按金属工程章节相应定额子目执行。

②定额中铁件、金属构件已包括刷防锈漆一遍,如设计需要刷第二遍及多遍防锈漆时,按金属工程章节相应定额子目执行。

③扶手、栏杆、栏板项目(护窗栏杆除外)适用于楼梯、走廊、回廊及其他装饰性扶手、栏杆、栏板。

④扶手、栏杆、栏板项目已综合考虑扶手弯头(非整体弯头)的费用。如遇木扶手、大理石扶手为整体弯头,弯头另按本章相应定额子目执行。

⑤设计栏杆、栏板的材料消耗量与定额不同时,其消耗量可以调整。

⑥成品金属栏杆定额项目适用于工厂制作、现场安装各种金属材质的成品栏杆。带玻璃的成品金属栏板,执行成品金属栏杆定额项目,定额人工乘以系数1.20。

(4)浴厕配件

①浴厕配件按成品安装考虑。

②石材洗漱台安装不包括石材磨边、倒角及开面盆洞口,另执行本章相应定额子目。

(5)雨篷、旗杆

①点支式、托架式雨篷的型钢、爪件的规格、数量是按常用做法考虑的,当设计要求与定额不同时,材料消耗量可以调整,人工、机械不变。托架式雨篷的斜拉杆费用另计。

②铝塑板、不锈钢面层雨篷项目按平面雨篷考虑,不包括雨篷侧面。

③旗杆项目按常用做法考虑,未包括旗杆基础、旗杆台座及其饰面。

(6)招牌、灯箱

①招牌、灯箱项目,当设计与定额考虑的材料品种、规格不同时,材料可以换算。

②平面招牌是指安装在墙面上;箱体招牌、竖式标箱是指六面体固定在墙面上;沿雨篷,

檐口、阳台走向的立式招牌,按平面招牌项目执行。

③广告牌基层以附墙方式考虑,当设计为独立式的,按相应定额子目执行,其中人工乘以系数1.10。

④招牌、灯箱定额子目均不包括广告牌所需喷绘、灯饰、灯光、店徽、其他艺术装饰及配套机械。

(7)美术字

①美术字按成品安装固定编制。

②美术字不分字体均执行本定额。

③美术字按最大外接矩形面积区分规格,按相应项目执行。

2)工程量计算规则

(1)柜类、货架

柜台、收银台、酒吧台按设计图示尺寸以"延长米"计算;货架、附墙衣柜类按设计图示尺寸以正立面的高度(包括脚的高度在内)乘以宽度以"m²"计算。

(2)压条、装饰线

①木装饰线、石膏装饰线、金属装饰线、石材装饰线条按设计图示长度以"m"计算。

②柱墩、柱帽、木雕花饰件、石膏角花、灯盘按设计图示数量以"个"计算。

③石材磨边、面砖磨边按长度以"延长米"计算。

④打玻璃胶按长度以"延长米"计算。

(3)扶手、栏杆、栏板装饰

①扶手、栏杆、栏板、成品栏杆(带扶手)按设计图示以扶手中心线长度以"延长米"计算,不扣除弯头长度。如遇木扶手、大理石扶手为整体弯头时,扶手消耗量需扣除整体弯头的长度,设计不明确者,每只整体弯头按400 mm扣除。

②单独弯头按设计图示数量以"个"计算。

(4)浴厕配件

①石材洗漱台按设计图示台面外接矩形面积以"m²"计算,不扣除孔洞、挖弯、削角所占面积,挡板、吊沿板面积并入台面面积内。

②镜面玻璃(带框)、盥洗室木镜箱按设计图示边框外围面积以"m²"计算。

③镜面玻璃(不带框)按设计图示面积以"m²"计算。

④安装成品镜面按设计图示数量以"套"计算。

⑤毛巾环、肥皂盒、金属帘子杆、浴缸拉手、毛巾杆安装等按设计图示数量以"副"或"个"计算。

(5)雨篷、旗杆

①雨篷按设计图示水平投影面积以"m²"计算。

②不锈钢旗杆按设计图示数量以"根"计算。

③电动升降系统和风动系统按设计数量以"套"计算。

(6)招牌、灯箱

①平面招牌基层按设计图示正立面边框外围面积以"m²"计算,复杂凹凸部分亦不增减。

②沿雨篷、檐口或阳台走向的立式招牌基层,按平面招牌执行时,应按展开面积以"m²"

计算。

③箱体招牌和竖式标箱的基层,按设计图示外围体积以"m²"计算。

④招牌、灯箱上的店徽及其他艺术装潢等均另行计算。

⑤招牌、灯箱的面层按设计图示展开面积以"m²"计算。

⑥广告牌钢骨架按设计图示尺寸计算的理论质量以"t"计算。型钢按设计图纸的规格尺寸计算(不扣除孔眼、切边、切肢的质量)。钢板按几何图形的外接矩形计算(不扣除孔眼质量)。

(7)美术字

美术字的安装按字的最大外围矩形面积以"个"计算。

任务 2.5 建筑专业工程计价原理

通过本任务的学习,你将能够:

(1)正确拟定的计价顺序;

(2)理解建筑专业工程计价原理。

工程计价就是算钱的过程,从原理上讲主要有两大原理,一是利用产出函数关系类比匡算;二是分部组合计价原理。利用函数关系类比匡算就是拟建项目与已建项目的生产能力、建筑面积等与造价的关系;分部组合的原理就是把建设项目分解成基本构造单元,然后计算基本构造单元的造价,在逐级汇总造价的过程。工程计价原理具体可划分为以下多种情况:

①当一个建设项目还没有具体的图样和工程量清单时,需要利用产出函数对建设项目投资进行匡算。

②单位工程可以按照结构部位、路段长度及施工特点或施工任务分解为分部工程。

③分解成分部工程后,从工程计价的角度,还需要把分部工程按照不同的施工方法、材料、工序及路段长度等,划分为分项工程。

④工程计价的基本原理就在于项目的分解和价格的组合。

⑤分部分项工程费(或单价措施项目费) = $\sum$ [基本构造单元工程量(定额项目或清单项目) × 相应单价]。

⑥工程计价可分为工程计量和工程组价两个环节。

⑦工程计量工作包括工程项目的划分和工程量的计算。

⑧单位工程基本构造单元的确定,即划分工程项目。编制概算预算时,主要是按工程定额进行划分;编制工程量清单时主要是按照工程量清单计量规范规定的清单项目进行划分。

⑨工程组价包括工程单价的确定和总价的计算。单价有工料单价和综合单价之分。

⑩工程总价是指按规定的程序或办法逐级汇总形成的相应工程造价。根据计算程序不同,分为单价法和实物量法。

⑪全费用综合单价中包括人工、材料、机具使用费、企业管理费、利润、规费和税金,也叫完全综合单价。

任务 2.6　建筑专业工程计价方法

通过本任务的学习,你将能够:

(1)掌握工程计价的基本方法;

(2)理解建筑专业工程计价方法。

2.6.1　工程计价的基本方法

工程计价的方法有多种,各有差异,但工程计价的基本过程和原理是相同的。从工程费用计算角度分析,工程计价的顺序是:分部分项工程造价—— 单位工程造价——单项工程造价——建设项目总造价。影响工程造价的主要因素是两个,即单位价格和实物工程数量,可用下列基本计算式表达:

$$工程造价 = \sum_{i=1}^{n}（工程量 \times 单位价格）$$

式中　i——第 i 个工程子项;

　　　N——工程结构分解得到的工程子项数。

可见,工程子项的单位价格高,工程造价就高;工程子项的实物工程数量大,工程造价也就大。

对工程子项的单位价格分析,可以有两种形式,分别是工料单价法和综合单价法:

①工料单价。如果工程项目单位价格仅仅考虑人工、材料、施工机具资源要素的消耗量和价格形成,则单位价格=（工程子项的资源要素消耗量×资源要素的价格）。至于人工、材料、施工机具资源要素消耗量定额,它是工程计价的重要依据,与劳动生产率、社会生产力水平、技术和管理水平密切相关。资源要素的价格是影响工程造价的关键因素。在市场经济体制下,工程计价时采用的资源要素的价格应该是市场价格。

②综合单价。综合单价主要适用于工程量清单计价。我国现行的工程量清单计价的综合单价为非完全综合单价。根据《建设工程工程量清单计价规范》CB 50500 2013 的规定,综合单价由完成工程量清单中一个规定计量单位项目所需的人工费、材料费、施工机具使用费、管理费和利润,以及一定范围的风险费用组成。而规费和增值税,是在求出单位工程分部分项工程费、措施项目费和其他项目费后再统一计取,最后汇总得出单位工程造价。

按照《建设工程工程量清单计价规范》GB 50500—2013 第 3.L.4 条的规定,"工程量清单应采用综合单价计价"。

工程计价包括工程定额计价和工程量清单计价,一般来说,工程定额主要用于国有资金投资工程编制投资估算、设计概算、施工图预算和最高投标限价,对于非国有资金投资工程、在项目建设前期和交易阶段、工程定额可以作为计价的辅助依据。工程量清单主要用于建设工程发承包及实施阶段,工程量清单计价用于合同价格形成以及后续的合同价款管理。

2.6.2　工程定额计价

1)工程定额的原理和作用

(1)工程定额的原理

工程定额是指在正常施工条件下完成规定计量单位的合格建筑安装工程所消耗的人工、材料、施工机具台班、工期天数及相关费率等的数量标准。

工程定额按照不同用途,可以分为施工定额、预算定额、概算定额、概算指标和估算指标等。按编制单位和执行范围的不同可以分为全国统一定额、行业定额、地区统一定额、企业定额、补充定额。

(2)工程定额的作用

①施工定额。

施工定额是指完成一定计量单位的某一施工过程,或基本工序所需消耗的人工、材料和施工机具台班数量标准。施工定额是施工企业成本管理和工料计划的重要依据。

②预算定额。

预算定额是在正常的施工条件下,完成一定计量单位合格分项工程和结构构件所需消耗的人工、材料、施工机具台班数量及其费用标准。预算定额是一种计价性定额,基本反映完成分项工程或结构构件的人、材、机消耗量及其相应费用,以施工定额为基础综合扩大编制而成,主要用于施工图预算的编制、也可用于工程量清单计价中综合单价的计算。

③概算定额。

概算定额是完成单位合格扩大分项工程,或扩大结构构件所需消耗的人工、材料、施工机具台班的数量及其费用标准。概算定额是一种计价定额,基本反映完成扩大分项工程的人、材、机消耗量及其相应费用、一般以预算定额为基础综合扩大编制而成,主要用于设计概算的编制。

④概算指标。

概算指标是以扩大分项工程为对象,反映完成规定计量单位的建筑安装工程资源消耗的经济指标。概算指标是一种计价定额,主要用于编制初步设计概算,一般以建筑面积、体积或成套设备装置的台或组等为计量单位,基本反映完成扩大分项工程的相应费用,也可以表现其人、材、机的消耗量。

⑤投资估算指标。

投资估算指标是以建设项目、单项工程、单位工程为对象,基本反映其建设总投资及其各项费用构成的经济指标。投资估算指标也是一种计价定额,主要用于编制投资估算,基本反映建设项目、单项工程、单位工程的相应费用指标,也可以反映其人、材、机消耗量,包括建设项目综合估算指标、单项工程估算指标和单位工程估算指标。

2)工程定额计价的程序

(1)第一阶段:收集资料

资料包括

①设计图纸;

②现行工程计价依据

③工程协议或合同

④施工组织设计。

(2)第二阶段:熟悉图纸和现场

①熟悉图纸。

对照图纸目录,检查图纸是否齐全;采用的标准图集是否已经具备;对设计说明或附注要仔细阅读;设计上有无特殊的施工质量要求,事先列出需要另编补充定额的项目;平面坐标和竖向布置标高的控制点;本工程与总图的关系。

②注意施工组织设计有关内容。施工组织设计是由施工单位根据施工特点、现场情况、施工工期等有关条件编制的,用来确定施工方案,布置现场,安排进度计价时应注意施工组织设计中影响工程费用的因素。

③了解必要的现场实际情况

(3)第三阶段:计算工程量

计算工程量是一项工作量很大,却又十分细致的工作。工程量是计价的基本数据,计算的精确程度不仅影响到工程造价,而且影响到与之关联的一系列数据,如计划、统计、劳动力、材料等。因此决不能把工程量看成单纯的技术计算,它对整个企业的经营管理都有重要的意义。

计算工程量一般按下列具体步骤进行:

①根据设计图示的工程内容和定额项目,列出需计算工程量的分部分项项目。

②根据一定的计算顺序和计算规则,图纸所标明的尺寸、数量以及附有的设备明细表、构件明细表等有关数据,列出计算式,计算工程量。

③汇总。

在比较复杂的工程或工作经验不足时,最容易发生的是漏项漏算或重项重算。因此要先看懂图纸,弄清各页图纸的关系及细部说明。一般也可按照施工次序,由上而下,由外而内,由左而右,事先草列分部分项名称,依次进行计算。有条件的尽量分层、分段、分部位来计算,最后将同类项加以合并,编制工程量汇总表。

(4)第四阶段:套定额单价

在计价过程中,如果工程量已经核对无误,项目不漏不重,则余下的问题就是如何正确套价,计算人、材、机费套价应注意以下事项:

①分项工程名称、规格和计算单位必须与定额中所列内容完全一致。即在定额中找出与之相适应的项目编号,查出该项工程的单价。套单价要求准确、适用,否则得出的结果就会偏高或偏低。

②定额换算。任何定额本身的制定都是按照一般情况综合考虑的,存在许多缺项和不完全符合图纸要求的地方,因此必须根据定额进行换算,即以某分项定额为基础进行局部调整。如材料品种改变,混凝土和砂浆强度等级与定额规定不同,使用的施工机具种类型号不同,原定额工日需增加的系数等。

③补充定额编制。当施工图纸的某些设计要求与定额项目特征相差甚远,既不能直接套用也不能换算、调整时,必须编制补充定额。

(5)第五阶段:编制工料分析表

根据各分部分项工程的实物工程量和相应定额中的项目所列的用工工日及材料数量,计算出各分部分项工程所需的人工及材料数量,相加汇总便得出该单位工程所需要的各类人工和材料的数量。

(6)第六阶段

费用计算在项目工程量、单价经复查无误后,将所列项工程实物量全部计算出来后,就可以按所套用的相应定额单价计算人、材、机费,进而计算企业管理费、利润、规费及增值税等各种费用,并汇总得出工程造价。

(7)第七阶段:复核

工程计价完成后,需对工程计价结果进行复核,以便及时发现差错,提高成果质量复核时,应对工程量计算公式和结果、套价、各项费用的取费及计算基础和计算结果、材料和人工价格及其价格调整等方面是否正确进行全面复核。

(8)第八阶段:编制说明

编制说明是说明工程计价的有关情况,包括编制依据、工程性质、内容范围、设计图纸号、所用计价依据、有关部门的调价文件号、套用单价或补充定额子目的情况及其他需要说明的问题。封面填写应写明工程名称、工程编号、工程量(建筑面积)、工程总造价、编制单位名称、法定代表人、编制人及其资格证号和编制日期等。

练习题

1. 下列内容中,属于建筑面积中的辅助面积的是(　　　　)。(单选)

A. 阳台面积　　　B. 墙体所占面积　　　C. 柱所占面积　　　D. 会议室所占面积

2. 下列内容中,属于住宅建筑面积中的辅助面积的是(　　　　)。(单选)

A. 厨房面积　　　B. 墙体所占面积　　　C. 柱所占面积　　　D. 会议室所占面积

3. 一个分部工程是由若干个(　　　　)组成。(单选)

A. 单位工程　　　B. 分项工程　　　C. 单项工程　　　D. 工序工程

4. 根据《建筑工程建筑面积计算规范》(GB/T 50353—2013),建筑物内有局部楼层时,对于局部楼层的二层及以上楼层,其建筑面积计算正确的是(　　　　)。(单选)

A. 有围护结构的按底板水平面积计算

B. 无围护结构的不计算建筑面积

C. 层高超过 2.20 m 计算全面积

D. 层高超过 2.20 m 计算 1/2 面积

5. 根据《建筑工程建筑面积计算规范》(GB/T 50353—2013),建筑物架空层及坡地建筑物吊脚架空层,当层高超过(　　　　)m 时,按其顶板水平投影计算建筑面积。(单选)

A. 2.0　　　　　B. 2.2　　　　　C. 2.8　　　　　D. 3.6

6. 建筑面积包括(　　　　)。(多选)

A. 使用面积　　　B. 交通面积　　　C. 辅助面积　　　D. 结构面积

E. 绿化面积

7. "三线一面"基数是指(　　　　)。(多选)

A. 外墙中心线　　　B. 外墙外边线　　　C. 内墙净长线　　　D. 总建筑面积

E. 底层建筑面积

8. 根据《建筑工程建筑面积计算规范》GB/T 50353—2013,形成建筑空间的坡屋顶,建筑面积的计算说法正确的是(　　　　　)。(多选)

A. 结构净高大于 2. 10 m 计算全面积

B. 结构净高等于 2. 10 m 计算 1/2 全面积

C. 结构净高等于 2. 0 m 计算全面积

D. 结构净高小于 1. 20 m 不计算面积　E、结构净高等于 1. 20 m 不计算面积

9. 根据《重庆市房屋建筑与装饰工程计价定额》(CQJZZSDE—2018)规定,砖基础砌筑工程量按设计图示尺寸以体积计算,但应扣除(　　　　　)。(多选)

A. 地梁所占体积　　　　　　　　　B. 构造柱所占体积

C. 嵌入基础内的管道所占体积　　　D. 砂浆防潮层所占体积

E. 圈梁所占体积

10. 下列关于土石方工程工程量计算说法正确的是(　　　　　)。(多选)

A. 平整场地按设计图示尺寸以首层建筑面积计算

B. 挖基坑土方按设计图示尺寸以基础垫层底面积加工作面及放坡面积乘以挖土深度计算

C. 冻土开挖按设计图示尺寸开挖面积乘以厚度以体积计算

D. 管沟土方按平米计算

E. 场地回填按主墙间净面积乘以平均回填厚度计算

11. 根据重庆市建设工程 2018 费用定额规定,简述综合单价的组成。

12. 根据《建筑工程建筑面积计算规范》GB/T 50353—2013,请列举不计算建筑面积的情况。(至少 10 项)

13. 根据《建筑工程建筑面积计算规范》GB/T 50353—2013,某三层办公楼每层外墙结构外围水平面积均为 670 m^2,一层为车库层高 2. 2 m,二至三层为办公室层高为 3. 2 m,二层设有高 2. 2 m 的有围护设施的室外走廊,其结构底板水平投影面积为 67. 5 m^2,求该办公楼的建筑面积。

下篇 实务篇

一、学习目标

能力目标	(1) 能明确用软件计量和计价的操作流程,提升图纸分析和关键信息提取能力; (2) 能正确对项目施工图进行识读; (3) 能轻松运用广联达 BIM 土建计量平台 GTJ2021 建模汇总计算后得出复杂工程的建筑工程工程量和钢筋工程量,实现复杂构件轻松出量; (4) 能运用广联达云计价平台 GCCP6.0 快速完成各种换算、调差、工料机汇总等,通过应用数字造价技术编制工程设计、工程交易、工程施工阶段各类造价文字,极大地提高工作效率。
知识目标	(1) 了解软件计量和计价的操作流程; (2) 掌握项目施工图识图方法及施工工序; (3) 掌握广联达 BIM 土建计量平台 GTJ2021 软件的操作步骤和操作技巧; (4) 掌握广联达云计价平台 GCCP6.0 编制工程概算、工程预算(招标工程量清单、招标控制价、投标报价)和工程结算(验工计价、结算计价)的操作步骤和操作技巧。
素质目标	(1) 通过广联达 BIM 土建计量平台 GTJ2021 软件绘制轴网,培养学生有原则守底线,公平、公正、客观地出具造价文件; (2) 通过 BIM 三维模型的创建,有效提升建筑空间想象力; (3) 通过利用广联达云计价软件平台 GCCP6.0 软件做招投标报价编制,培养学生底线思维、遵纪守法、廉洁自律意识。

二、下篇重难点

重点	(1) 用广联达 BIM 土建计量平台 GTJ2021 软件进行主体结构的绘制; (2) 用广联达 BIM 土建计量平台 GTJ2021 软件进行室内外装修的绘制。
难点	(1) 用广联达云计价平台 GCCP6.0 软件进行项目参数输入及套价; (2) 用广联达云计价平台 GCCP6.0 软件进行取费设置。

学习情景 3 工程造价 BIM 软件的计量应用

工程量计算是编制工程计价的基础工作,具有工作量大、烦琐、费时、细致等特点,占工程计价工作量的50%~70%,计算的精确度和速度也直接影响着工程计价的质量。20世纪90年代初,随着计算机技术的发展,出现了利用软件表格法算量的计量工具,代替了手工算量的计算工作量,之后逐渐发展到目前广泛使用的自动计算工程量。现代建设工程将更加注重分工的专业化、精细化和协作,一是由于建筑单体的体量大、复杂度高,其三维信息量非常巨大,在自动计算工程量时会消耗巨大的计算机资源,计算效率差;二是智能建筑、节能设施各类专业工程越来越复杂,其技术更新越来越快,可以通过协作来快速完成复杂工程的精细计量,如可以通过云技术将钢筋计量、装饰工程计量、电气工程计量、智能工程计量、幕墙工程计量等分别放入"云端",进行多方配合,协作来完成。将工程计量放入"云端"进行计算,协作完成,不仅可保证计量质量,加快计算速度,也能减少对本地资源的需求,显著提高计算的效率,降低成本。

任务 3.1 新建工程、计算设置、新建楼层、建立轴网

通过本章的学习,你将能够:

(1)完成项目的新建工程、计算设置、新建楼层、建立轴网;

(2)掌握计算设置的修改方法;

(3)掌握轴网的定义及绘制。

3.1.1 新建工程

1)新建工程操作演示

①双击"广联达 BIM 土建计量平台 GTJ2021",进入新建工程界面,如图3.1.1所示。

图 3.1.1

②鼠标左键单击界面左上角的"新建",进入新建工程界面,输入各项工程信息,如图 3.1.2 所示。

工程名称:按照工程图纸名称输入,保存时会作为默认的文件名。工程名称输入"北城丽景"

计算规则:如图 3.1.2 所示。

平法规则:选择"16G 平法规则"。

单击"创建工程",即完成了工程的新建。

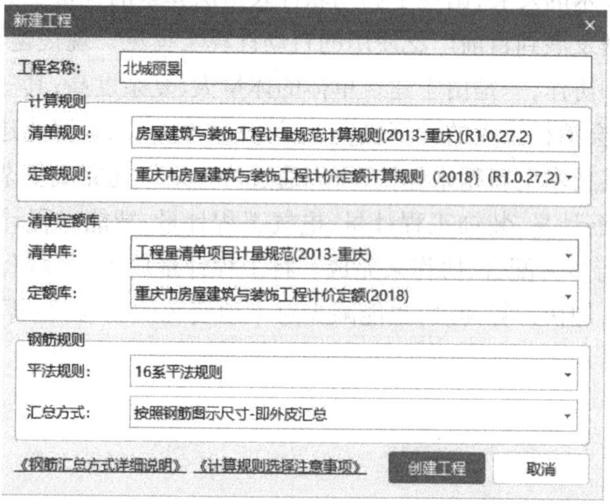

图 3.1.2

2)新建工程输出结果

任务结果如图 3.1.2 所示。

3)练习题

根据《北城丽景》施工图,完成工程的新建。

3.1.2 计算设置

1)计算设置操作演示

创建工程后,进入软件界面,如图 3.1.3 所示,分别对基本设置、土建设置、钢筋设置进行修改。

图3.1.3

（1）基本设置

首先对基本设置中的工程信息进行修改，单击"工程信息"，出现如图3.1.4所示界面。

图3.1.4

蓝色字体部分必须填写，黑色字体所示信息只起标识作用，可以不填，不影响计算结果。

根据"结构设计总说明一"可知：

结构类型：剪力墙结构；

设防烈度：6度；

抗震等级：三级；

室外地坪相对±0.000标高：-0.45 m；

檐高：98.75 m（设计室外地坪到屋面板板顶的高度：98.3 m+0.45 m=98.75 m）

【注意】

①抗震等级由结构类型、设防烈度、檐高3项确定；

②若已知抗震等级，可不填写结构类型、设防烈度、檐高3项；

③抗震等级必须填写，其余部分可以不填，不影响计算结果。

（2）土建设置

土建规则在前面"创建工程"时已经选择，此处不需要修改。

(3) 钢筋设置

①"计算设置"修改,如图 3.1.5 所示。

图 3.1.5

②比重设置修改:单击比重设置,进入"比重设置"界面。将直径为 6.5 mm 的钢筋比重复制到直径为 6 mm 的钢筋比重中,如图 3.1.6 所示。

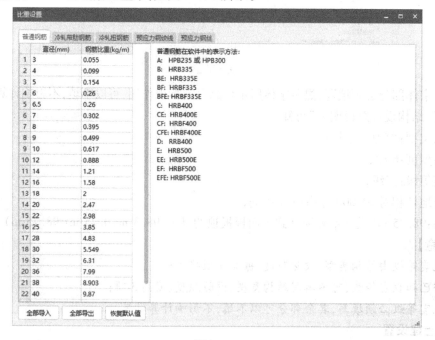

图 3.1.6

【注意】

市面上直径 6 mm 的钢筋较少，一般采用 6.5 mm 的钢筋。

其余不需要修改。

2)计算设置输出结果

见以上各图。

3)练习题

根据《北城丽景》施工图,对项目的基本设置、土建设置、钢筋设置进行修改。

3.1.3　新建楼层

1)新建楼层操作演示

(1)分析图纸

层高的确定按照《北城丽景》结施 G-09 中"结构楼层表"建立。

(2)建立楼层

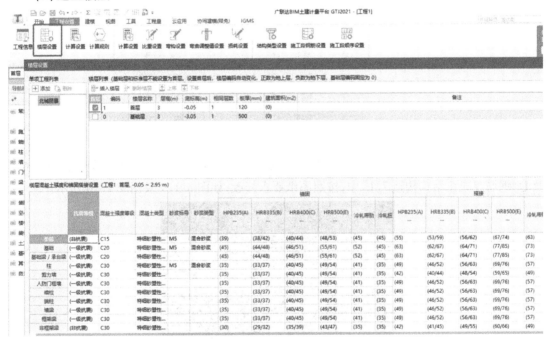

图 3.1.7

(3)单击楼层设置(图 3.1.7)

鼠标定位在首层,单击"插入楼层",则插入地上楼层。鼠标定位在基础层,单击"插入楼层",则插入地下室。按照楼层表修改层高。

①软件默认给出首层和基础层。

②首层的结构底标高输入 0,层高输入 4.2 m,。鼠标左键选择首层所在的行,单击"插入楼层",添加第二层,2 层层高输入 4.2 m。

③按照建立 2 层同样的方法,建立其他楼层。单击基础层,插入楼层,地下一层的层高为 4.2 m。

修改层高后,如图 3.1.8 所示。

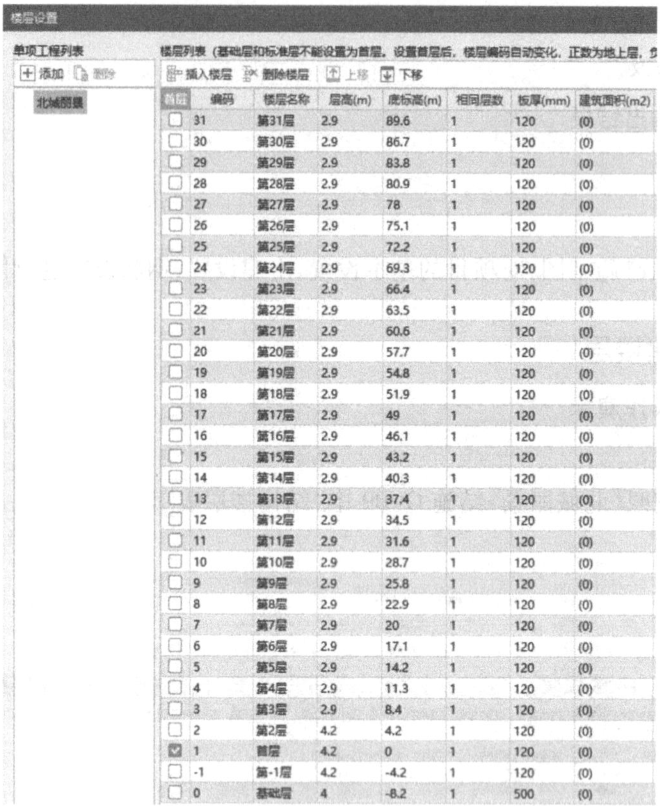

首层	编码	楼层名称	层高(m)	底标高(m)	相同层数	板厚(mm)	建筑面积(m2)
	31	第31层	2.9	89.6	1	120	(0)
	30	第30层	2.9	86.7	1	120	(0)
	29	第29层	2.9	83.8	1	120	(0)
	28	第28层	2.9	80.9	1	120	(0)
	27	第27层	2.9	78	1	120	(0)
	26	第26层	2.9	75.1	1	120	(0)
	25	第25层	2.9	72.2	1	120	(0)
	24	第24层	2.9	69.3	1	120	(0)
	23	第23层	2.9	66.4	1	120	(0)
	22	第22层	2.9	63.5	1	120	(0)
	21	第21层	2.9	60.6	1	120	(0)
	20	第20层	2.9	57.7	1	120	(0)
	19	第19层	2.9	54.8	1	120	(0)
	18	第18层	2.9	51.9	1	120	(0)
	17	第17层	2.9	49	1	120	(0)
	16	第16层	2.9	46.1	1	120	(0)
	15	第15层	2.9	43.2	1	120	(0)
	14	第14层	2.9	40.3	1	120	(0)
	13	第13层	2.9	37.4	1	120	(0)
	12	第12层	2.9	34.5	1	120	(0)
	11	第11层	2.9	31.6	1	120	(0)
	10	第10层	2.9	28.7	1	120	(0)
	9	第9层	2.9	25.8	1	120	(0)
	8	第8层	2.9	22.9	1	120	(0)
	7	第7层	2.9	20	1	120	(0)
	6	第6层	2.9	17.1	1	120	(0)
	5	第5层	2.9	14.2	1	120	(0)
	4	第4层	2.9	11.3	1	120	(0)
	3	第3层	2.9	8.4	1	120	(0)
	2	第2层	4.2	4.2	1	120	(0)
✓	1	首层	4.2	0	1	120	(0)
	-1	第-1层	4.2	-4.2	1	120	(0)
	0	基础层	4	-8.2	1	500	(0)

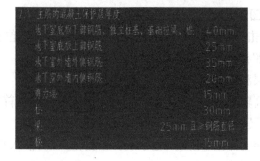

图 3.1.8

④混凝土强度等级及保护层厚度修改在“结施 G-01 六、主要结构材料选用及要求 6.1 及七、钢筋混凝土结构构造 7.1”中,按照图纸要求修改,如图 3.1.9 及图 3.1.10 所示。

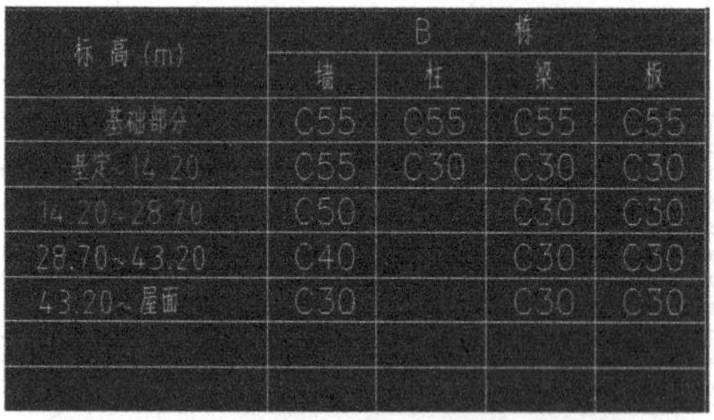

标高(m)	B 栋			
	墙	柱	梁	板
基础部分	C55	C55	C55	C55
基顶~14.20	C55	C30	C30	C30
14.20~28.70	C50		C30	C30
28.70~43.20	C40		C30	C30
43.20~屋面	C30		C30	C30

图 3.1.9

7.1 主筋的混凝土保护层厚度

地下室底板下部钢筋、独立柱基、基础拉梁、桩	40mm
地下室底板上部钢筋	25mm
地下室外墙外侧钢筋	35mm
地下室外墙内侧钢筋	20mm
剪力墙	15mm
柱	30mm
梁	25mm 且≥钢筋直径
板	15mm

图 3.1.10

【注意】

各部分主筋的混凝土保护层厚度同时应满足不小于钢筋直径的要求。

首层修改,如图 3.1.11 所示。其他楼层修改方式相同。

	抗震等级	混凝土强度等级	混凝土类型	砂浆标号	砂浆类型	锚固						搭接						保护层厚度(mm)	备注
						HPB235(A)…	HRB335(B)…	HRB400(C)…	HRB500(E)…	冷轧带肋	冷轧扭	HPB235(A)…	HRB335(B)…	HRB400(C)…	HRB500(E)…	冷轧带肋	冷轧扭		
垫层	(非抗震)	C15	特细砂塑性…	M5	混合砂浆	(39)	(38/42)	(40/44)	(48/53)	(45)	(45)	(47)	(46/50)	(48/53)	(58/64)	(54)	(54)	(25)	垫层
基础	(三级抗震)	C20	特细砂塑性…	M5	混合砂浆	(41)	(40/44)	(42/46)	(50/56)	(48)	(45)	(49)	(48/53)	(50/55)	(60/67)	(58)	(54)	40	包含所有的基础…
基础梁 / 承台梁	(三级抗震)	C30	特细砂塑性…			(32)	(30/34)	(37/41)	(45/49)	(37)	(35)	(38)	(36/41)	(44/49)	(54/59)	(44)	(42)	(40)	包含基础主梁、…
柱	(三级抗震)	C30	特细砂塑性…	M5	混合砂浆	(32)	(30/34)	(37/41)	(45/49)	(37)	(35)	(45)	(42/48)	(52/57)	(63/69)	(52)	(49)	30	包含框架柱、转…
剪力墙	(三级抗震)	C55	特细砂塑性…			(23)	(22/24)	(27/30)	(33/36)	(32)	(35)	(28)	(26/29)	(32/36)	(40/43)	(38)	(42)	(15)	剪力墙、预制墙
人防门框墙	(三级抗震)	C30	特细砂塑性…			(32)	(30/34)	(37/41)	(45/49)	(37)	(35)	(45)	(42/48)	(52/57)	(63/69)	(52)	(49)	(15)	人防门框墙
暗柱	(三级抗震)	C55	特细砂塑性…			(23)	(22/24)	(27/30)	(33/36)	(32)	(35)	(32)	(31/34)	(38/42)	(46/50)	(45)	(49)	(15)	包含暗柱、约束…
端柱	(三级抗震)	C55	特细砂塑性…			(23)	(22/24)	(27/30)	(33/36)	(32)	(35)	(32)	(31/34)	(38/42)	(46/50)	(45)	(49)	(20)	端柱
墙梁	(三级抗震)	C55	特细砂塑性…			(23)	(22/24)	(27/30)	(33/36)	(32)	(35)	(28)	(26/29)	(32/36)	(40/43)	(38)	(42)	(20)	包含连梁、暗梁…
框架梁	(三级抗震)	C30	特细砂塑性…			(32)	(30/34)	(37/41)	(45/49)	(37)	(35)	(38)	(36/41)	(44/49)	(54/59)	(44)	(42)	25	包含楼层框架梁…
非框架梁	(非抗震)	C30	特细砂塑性…			(30)	(29/32)	(35/39)	(43/47)	(35)	(35)	(36)	(35/38)	(42/47)	(52/56)	(42)	(42)	25	包含非框架梁、…
现浇板	(非抗震)	C30	特细砂塑性…			(30)	(29/32)	(35/39)	(43/47)	(35)	(35)	(36)	(35/38)	(42/47)	(52/56)	(42)	(42)	(15)	包含现浇板、叠…
楼梯	(非抗震)	C30	特细砂塑性…			(30)	(29/32)	(35/39)	(43/47)	(35)	(35)	(36)	(35/38)	(42/47)	(52/56)	(42)	(42)	(20)	包含楼梯、直形…
构造柱	(三级抗震)	C20	特细砂塑性…			(41)	(40/44)	(42/46)	(50/56)	(48)	(45)	(57)	(56/62)	(59/64)	(70/78)	(67)	(63)	(25)	构造柱
圈梁 / 过梁	(三级抗震)	C30	特细砂塑性…			(32)	(30/34)	(37/41)	(45/49)	(37)	(35)	(45)	(42/48)	(52/57)	(63/69)	(52)	(49)	(20)	包含圈梁、过梁
砌体墙柱	(非抗震)	C15	特细砂干硬…	M5	混合砂浆	(39)	(38/42)	(40/44)	(48/53)	(45)	(45)	(47)	(46/50)	(48/53)	(58/64)	(54)	(54)	(25)	包含砌体柱、砌…
其它	(非抗震)	C30	特细砂塑性…	M5	混合砂浆	(30)	(29/32)	(35/39)	(43/47)	(35)	(35)	(36)	(35/38)	(42/47)	(52/56)	(42)	(42)	(20)	包含除以上构件…
叠合板(预制底板)	(非抗震)	C30	特细砂塑性…			(30)	(29/32)	(35/39)	(43/47)	(35)	(35)	(42)	(41/45)	(49/55)	(60/66)	(49)	(49)	(15)	包含叠合板(预…

图 3.1.11

2)输出结果

见以上各图。

3)练习题

根据《北城丽景》施工图,完成项目楼层的新建。

3.1.4　建立轴网

1)建立轴网操作演示

(1)建立轴网

楼层建立完毕后,切换到"绘图输入"界面。先建立轴网。施工时是用放线来定位建筑物的位置,使用软件做工程时则是用轴网来定位构件的位置。

(2)分析图纸

由结施 G-09 可知,该工程的轴网是简单的正交轴网.

(3)轴网的定义

①切换到绘图输入界面后,选择导航树中的"轴线"→"轴网",单击右键,选择"定义"按钮,将软件切换到轴网定义的界面。

②单击"新建"按钮,选择"新建正交轴网",新建"轴网-1"。

③输入"下开间",在"常用值"下面的列表中选择要输入的轴距,双击鼠标即添加到轴距中;或者在添加按钮下的输入框中输入相应的轴网间距,单击添加按钮或者回车即可;按照图纸从左到右的顺序,"下开间"依次输入 4800,3900,300,2100,3300,4200,4200,3300,2100,300,3900,4800;左进深依次输入 900,600,3600,3000,1200,1500,1400,3300,3600,1500,1500,6900,900;上开间依次输入 4800,3900,2850,1500,1050,3300,1200,1200,3300,1050,1500,2850,3900,4800;右进深依次输入 1500,3600,3000,1200,1500,1400,1000,2300,2500,1100,1500,1500,6900,900。

④可以看到,右侧的轴网图显示区域已经显示了定义的轴网,轴网定义完成,如图 3.1.12

所示。

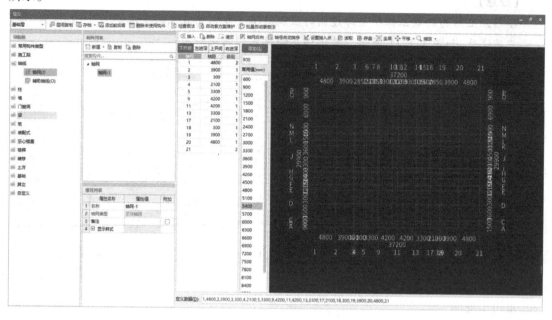

图 3.1.12

(4)轴网的绘制

绘制轴网：

①轴网定义完毕后,单击"绘图"按钮,切换到绘图界面。

②弹出"请输入角度"对话框,提示用户输入定义轴网需要旋转的角度。本工程轴网为水平竖直方向的正交轴网,旋转角度按软件默认输入"0"即可,如图 3.1.13 所示。

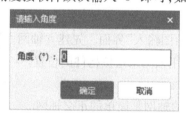

图 3.1.13

③单击"确定"按钮,绘图区显示轴网,这样就完成了本工程轴网的定义和绘制,如图 3.1.14 所示。

轴网的其他功能：

①设置插入点:用于轴网拼接,可以任意设置插入点(不在轴线交点处或在整个轴网外都可以设置)。

②修改轴号和轴距:当检查到已经绘制的轴网有错误时,可以直接修改。

③软件提供了辅助轴线,用于构件辅助定位。辅助轴线在任意图层都可以直接添加。辅助轴线主要有两点、平行、点角、圆弧。

2)输出结果

完成轴网,如图 3.1.15 所示。

业务及软件知识补充(识别)：

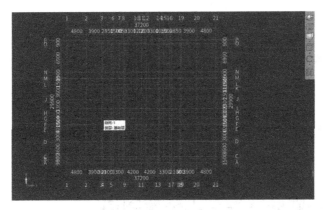

图 3.1.14

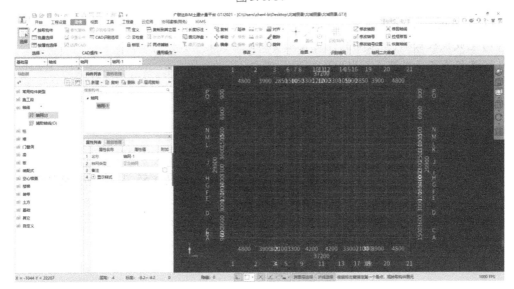

图 3.1.15

①新建工程中,主要确定工程名称、计算规则以及做法模式。蓝色字体的参数值影响工程量计算,照图纸输入,其他信息只起标识作用。

②首层标记在楼层列表中的首层列,可以选择某一层作为首层。勾选后,该层作为首层,相邻楼层的编码自动变化,基础层的编码不变。

③底标高是指各层的结构底标高;软件中只允许修改首层的底标高,其他层标高自动按层高计算。

④相同板厚是软件给的默认值,可以按工程图纸中最常用的板厚设置;在绘图输入新建板时,会自动默认取这里设置的数值。

⑤建筑面积是指各层建筑面积图元的建筑面积工程量,为只读。

⑥可以按照结构设计总说明对应构件选择标号和类型。对修改的标号和类型,软件会以反色显示。在首层输入相应的数值完毕后,可以使用右下角的"复制到其他楼层"命令,把首层的数值复制到参数相同的楼层。各个楼层的标号设置完成后,就完成了对工程楼层的建立,可以进入"绘图输入"进行建模计算。

⑦有关轴网的编辑、辅助轴线的详细操作,请查阅"帮助"菜单中的文字帮助→绘图输入→轴线。

⑧建立轴网时,输入轴距的两种方法:常用的数值可以直接双击,常用值中没有的数据直接添加即可。

⑨当上下开间或者左右进深轴距不一样时(即错轴),可以使用轴号自动生成功能将轴号排序。

3)练习题

根据《北城丽景》施工图,完成轴网的绘制。

任务 3.2 基础层建模及工程量输出

通过本章的学习,你将能够:

(1)完成筏板基础、垫层等构件定义及绘制;

(2)掌握土石方工程在 GTJ2021 中的处理方法。

3.2.1 筏板基础、垫层的定义与绘制

1)筏板基础、垫层操作演示

(1)分析图纸

由结施 G-03 可知,本工程为筏板基础,混凝土强度等级为 C55,基础垫层为 100 mm,出边距离为 100 mm,筏板基础的厚度为 500 mm。

(2)构件属性定义

①筏板基础属性定义。

在导航树中单击"基础"→"筏板基础",在构件列表中单击"新建筏板基础",如图 3.2.1 所示。

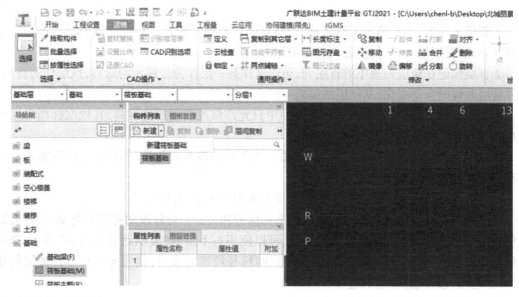

图 3.2.1

在属性编辑框中输入相应的属性值,筏板基础的属性定义如图3.2.2所示。

图 3.2.2

②垫层属性定义。

新建面式垫层,垫层的属性定义如图3.2.3所示。

(3)做法套用

①筏板基础。

筏板基础构件定义完成后,需要进行做法套用。套用做法是指构件按照计算规则计算汇总出做法工程量,方便进行同类项汇总,同时与计价软件数据对接。构件套用做法,可以手动添加清单定额、查询清单定额库添加、查询匹配清单定额添加实现。

单击"定义",在弹出的"定义"界面中,单击构件做法,可通过查询清单库的方式,进行添加清单,筏板基础的清单项目编码为010501004,筏板基础的模板清单项编码为011702001,通过查询定额库可以添加定额,正确选择对应的定额项,筏板基础的做法套用,如图3.2.4所示。

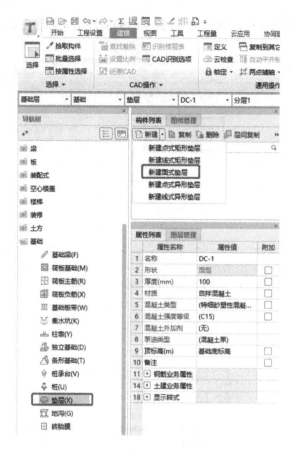

图 3.2.3

	编码	类别	名称	项目特征	单位	工程量表达式	表达式说明	单价	
1	⊟ 010501004	项	满堂基础		m3	TJ	TJ〈体积〉		
2	AE0018	定	满堂(筏板)基础 商品砼		m3			3244.68	
3	⊟ 011702001	项	基础		m2	MBMJ	MBMJ〈模板面积〉		
4	AE0126	定	现浇混凝土模板 满堂基础 无梁式		m2			4629.29	

图 3.2.4

②垫层的做法套用,如图 3.2.5 所示。

	编码	类别	名称	项目特征	单位	工程量表达式	表达式说明	单价	
1	⊟ 010501001	项	垫层		m3	TJ	TJ〈体积〉		
2	AE0004	定	基础垫层 商品砼		m3			3280.98	
3	⊟ 011702001	项	基础		m2				
4	AE0118	定	现浇混凝土模板 基础垫层		m2			4000.42	

图 3.2.5

（4）画法讲解

①筏板基础。

绘制筏板基础前,需先建好筏板基础,由于本工程筏板基础属于异形,所以需要选择直线绘制,沿着筏板基础黄色边线绘制,如图 3.2.6 所示。

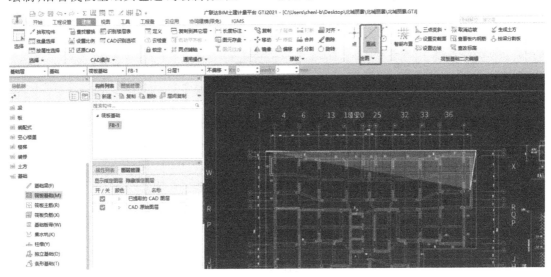

图 3.2.6

绘制完成后如图 3.2.7 所示。

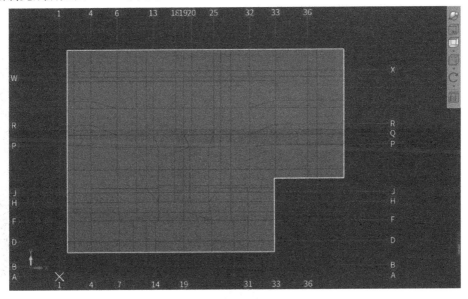

图 3.2.7

②布置筏板钢筋。

筏板基础绘制完成后,根据图纸可知,筏板配筋为 c25@200,且呈双网双向布置。在导航树选择"筏板主筋",单击"新建"按钮,选择"新建筏板主筋";单击"布置受力筋",依次选择"XY 方向""双网双向布置",输入钢筋信息 C25@200,单击筏板基础即可,如图 3.2.8 至图3.2.10 所示。

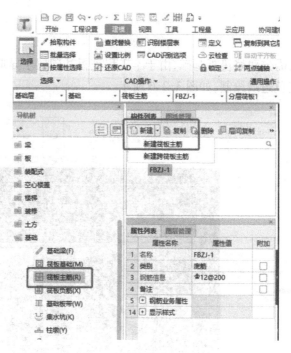

图 3.2.8

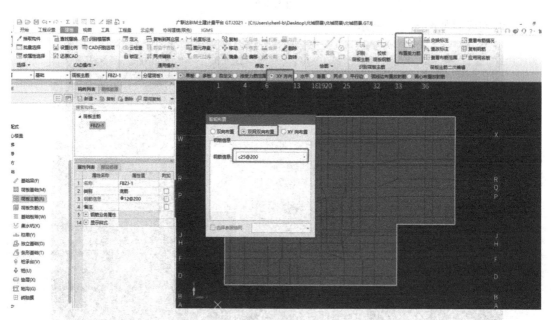

图 3.2.9

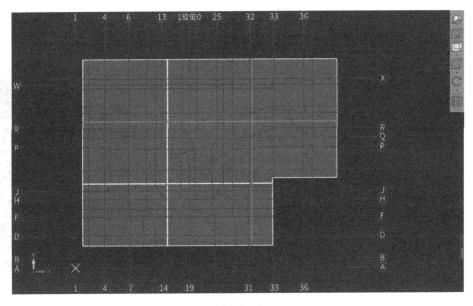

图 3.2.10

③垫层布置。

垫层是在筏板基础下方,属于点式构件,选择"智能布置"→"筏板基础",在弹出的对话框中输入出边距离"100 mm",单击"确定"按钮,选择筏板基础,垫层就布置好了。

2)输出结果

汇总计算,统计筏板基础、垫层的工程量,见图 3.2.11。

序号	编码	项目名称	单位	工程量
实体项目				
⊕ 1	010501001001	垫层	m3	112.4239
⊕ 2	010501004001	满堂基础	m3	555.0093
措施项目				
⊕ 1	011702001001	基础	m2	70.9

图 3.2.11

3)练习题

根据《北城丽景》施工图,完成项目基础及垫层的绘制。

3.2.2　土石方工程量计算

1)土石方工程操作演示

(1)分析图纸

分析结施 G-03 可知,本工程筏板基础属于大开挖土方,依据定额可知挖土方有工作面300 mm,根据挖土深度需要放坡,放坡土方增量按照定额规定计算。

(2)定义、绘制土方

①大开挖土方绘制。

用反键构件法,在垫层界面单击"生成土方",如图 3.2.12 所示。

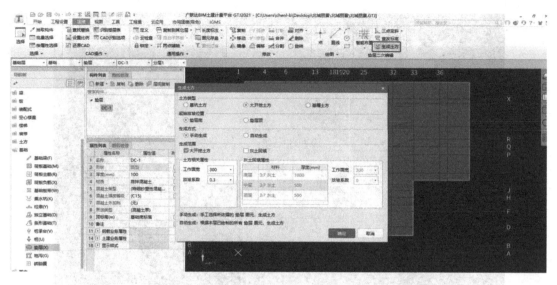

图 3.2.12

②选择筏板基础下方的垫层,单击右键,即可完成大开挖土方的定义和绘制。

(3)土方做法套用

大开挖土方做法套用,如图 3.2.13 所示。

	编码	类别	名称	项目特征	单位	工程量表达式	表达式说明	单价	综
1	⊟ 010101002	项	挖一般土方		m3	TFTJ	TFTJ<土方体积>		
2	AA0028	定	机械挖基坑土方 深度(m以内) 4		m3			5882.87	

图 3.2.13

2)输出结果

汇总计算,统计土方工程量,如图 3.2.14 所示。

序号	编码	项目名称	单位	工程量
		实体项目		
⊟ 1	010101002001	挖一般土方	m3	10562.2584
⊞	AA0028	机械挖基坑土方 深度(m以内) 4	1000m3	10.5622584

图 3.2.14

3)练习题

根据《北城丽景》施工图,完成项目土方开挖的绘制。

任务 3.3　地下一层建模及工程量输出

通过本章的学习,你将能够:

(1)完成地下一层柱、剪力墙、梁板、砌体结构、门窗、楼梯等构件定义及绘制;

(2)掌握构造柱、楼梯、梯梁等在 GTJ2021 中的处理方法;

3.3.1　地下一层柱工程量计算

1）地下一层柱操作演示

（1）图纸分析

分析结构施工图 G-09、G-10 查看地下一层柱构件的种类、尺寸信息及钢筋信息。

（2）地下一层柱构件的定义及绘制。

①参数化柱定义（以地下一层构造边缘转角柱 GJZ-1 为例）。

a. 在导航栏中单击"新建参数化柱"，根据结构施工图 G-10 信息在弹出的"参数化图形"对话框中，设置截面类型与具体尺寸，如图 3.3.1、3.3.2 所示。

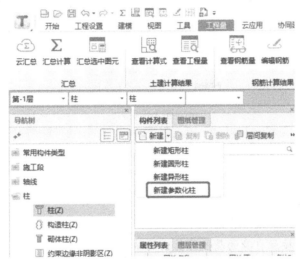

图 3.3.1

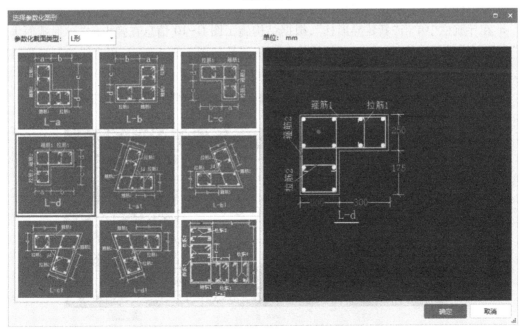

图 3.3.2

b.参数化柱属性定义,如图 3.3.3 所示

图 3.3.3

【注意】

①截面形状:可以单击当前框中的 3 点按钮,在弹出的"选择参数化图形"对话框中进行再次编辑。

②截面宽度(B)边:柱截面外接矩形的宽度。

③截面高度(H)边:柱截面外接矩形的高度

④截面面积:软件按柱自身的属性计算出的截面积。

⑤截面周长:软件按照柱自身的属性计算出的截面周长。

②异形柱定义(以地下一层构造边缘转角柱 GJZ-2 为例):

a.在导航栏中单击"新建异形柱",根据结构施工图 G-10 信息在弹出的"异形截面编辑器"中绘制线式异形截面,单击"设置网格",网格属性如图 3.3.4 所示,用直线绘制异形柱截面,单击确定后编辑属性,如图 3.3.5 所示。

图 3.3.4

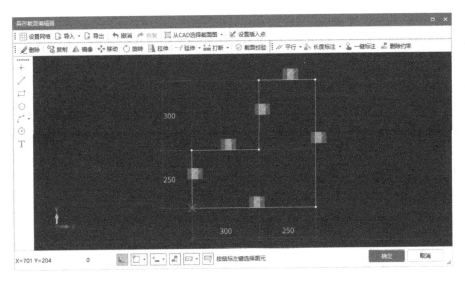

图 3.3.5

b. 异形柱的属性定义,如图 3.3.6 所示

图 3.3.6

【注意】

①截面形状:可以单击当前框中的 3 点按钮,在弹出的"选择参数化图形"对话框中进行再次编辑。

②截面宽度(B)边:柱截面外接矩形的宽度。

③截面高度(H)边:柱截面外接矩形的高度

④截面面积:软件按柱自身的属性计算出的截面积。

⑤截面周长:软件按照柱自身的属性计算出的截面周长。

③做法套用。

构件定义好后,需要进行套用做法操作,主要目的是按照计算规则汇总计算得出做法工程量,方便进行同类项汇总。套做法共有三种方式分别是手动添加清单定额、查询清单定额库添加、查询匹配清单定额库添加。

单击"定义",在对话框中单击构建做法,可通过查询清单库形式添加清单,GJZ-1 混凝土清单项目编码为 010504001,完善后三位编码,GJZ-1 模板清单项目编码为 011702011,完善后 3 位编码;通过查询定额库可以添加定额,正确选择添加即可操作完成清单,GJZ-1 做法套用,如图 3.3.7 所示

	编码	类别	名称	项目特征	单位	工程量表达式	表达式说明	单价	综合单价	措施
1	□ 010504001	项	直形墙		m3					
2	AE0051	定	直形墙 厚度300mm以内 商品砼		m3			3321.7		
3	AE0117	定	砼泵输送砼 输送泵车排除量(m3/h)60		m3			573.05		
4	□ 011702011	项	直形墙		m2					
5	AE0152	定	现浇混凝土模板 直形墙		m2			5762.37		
6	AE0175	定	构件超高模板 高度超过3.6m每超过1m 墙		m2			472.84		

图 3.3.7

④柱的绘制。

完成柱定义后,单击"绘图"按钮,切换到绘图界面。

a. 点绘制:通过构件列表选择对应柱,捕捉到轴网对应交点,单击鼠标左键,即可完成 GJZ-1 绘制,如图 3.3.8 所示。

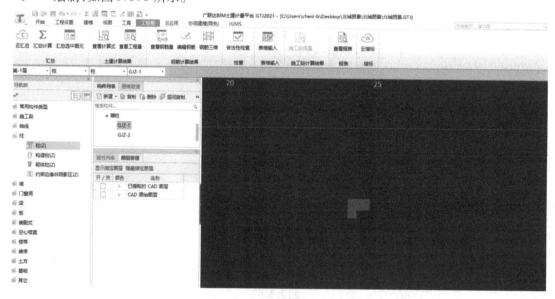

图 3.3.8

b. 偏移绘制:偏移绘制常用于不在轴线交点处的柱,1 轴与 X-W 轴之间的 GAZ-1 不能够直接使用鼠标左键单击绘制,需使用"Shift 键+鼠标左键"相对于基准点偏移绘制。GAZ-1 中心相对于 1 轴与 X 轴交点向上偏移 500 mm,且 GAZ-1 柱方向与实际位置方向偏差 90°,需利用旋转点功能进行绘制,如图 3.3.9、图 3.3.10 所示。

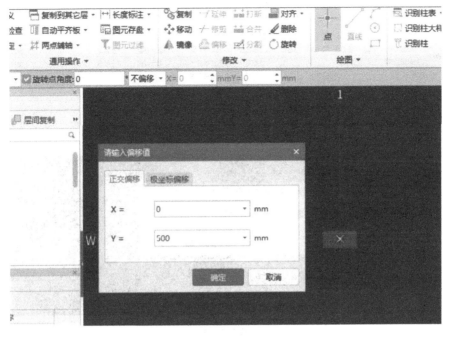

图 3.3.9

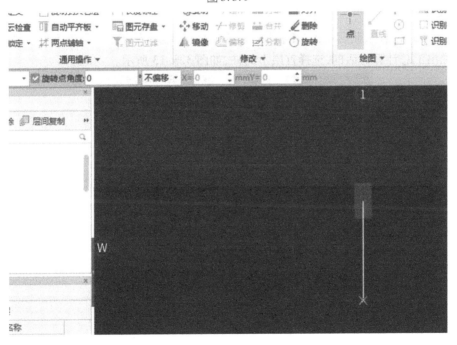

图 3.3.10

c. 镜像:通过分析图纸发现 1—19 轴与 19—36 轴对称,因此可以使用镜像功能绘制,此处以 GAZ-1 为例,选中后单击"镜像"功能后鼠标左键单击 19 轴轴网上任意两点,提示"是否要删除原来的图元",单击"是"即可完成镜像,如图 3.3.11、图 3.3.12 所示。

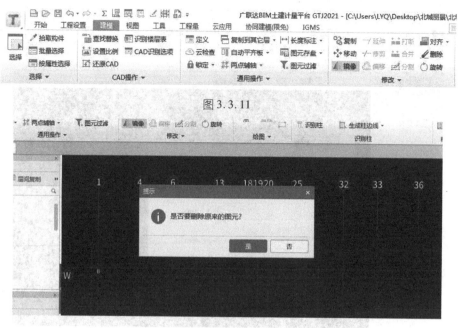

图 3.3.11

图 3.3.12

2）输出结果

完成地下一层柱绘制后单击"工程量"页签下的云检查,检查无误后进行汇总计算(或按"F9"),弹出汇总计算对话框,选择首层下的柱,如图 3.3.13 所示。

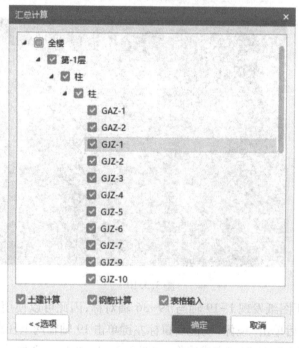

图 3.3.13

汇总计算后在"工程量"页签下,可以查看"土建计算"结果,单击查看工程量框选地下一层柱构件,可查看清单定额工程量,如图 3.3.14 所示;"钢筋计算"结果,如图 3.3.15 所示。

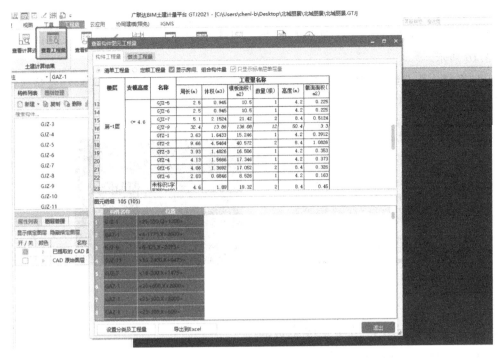

图 3.3.14

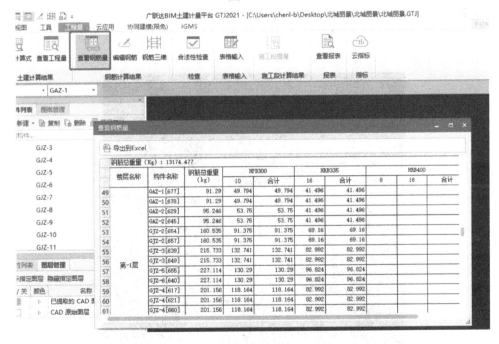

图 3.3.15

3) 练习题

根据《北城丽景》施工图,完成项目地下一层柱的绘制。

4) 总结拓展

查改标注。

如有相对轴线偏心的支柱,则可以使用"查改标注"功能进行柱的偏心和修改。

①选中图元,切换至"建模"功能界面→"柱二次编辑",单击"查改标注"来修改偏心,如图 3.3.16 所示。

②回车依次修改绿色字体的标准信息,全部修改后用鼠标左键单击屏幕任意位置即可,右键结束命令,如图 3.3.17 所示。

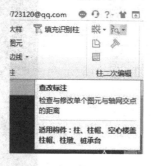

图 3.3.16

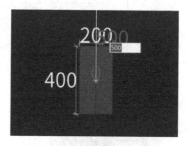

图 3.3.17

3.3.2 地下一层剪力墙工程量计算

1)地下一层剪力墙操作演示

(1)图纸分析

①分析剪力墙:分析本工程结构施工图 G-09、G-10(说明处)可以得到剪力墙的信息,如图 3.3.18 所示。

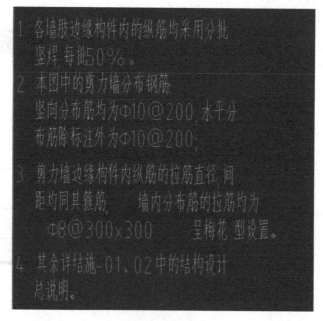

图 3.3.18

②分析连梁:连梁是剪力墙一部分,通过结构施工图 G-38 可得到连梁信息,如图 3.3.19 所示。

图 3.3.19

(2)剪力墙属性定义

①新建剪力墙。

在导航栏中找到"墙"→"剪力墙",在构件列表中"新建"→"内墙",如图 3.3.20 所示。在属性列表中对图元进行编辑,如图 3.3.21 所示。

图 3.3.20

图 3.3.21

②新建连梁。

在导航栏中选择"梁"→"连梁",在构件列表中单击"新建"→"新建矩形连梁",如图 3.3.22 所示;在属性列表中对图元属性进行编辑,如图 3.3.23 所示。

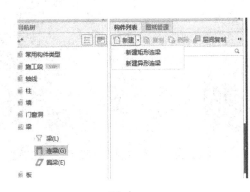

图 3.3.22

图 3.3.23

③做法套用。

a. 剪力墙做法套用,如图 3.3.24 所示。

	编码	类别	名称	项目特征	单位	工程量表达式	表达式说明
1	⊟ 010504001	项	直形墙		m3	JLQTJQD	JLQTJQD〈剪力墙体积 (清单)〉
2	AE0117	定	砼泵输送砼 输送泵车排除量(m3/h)60		m3		
3	AE0049	定	直形墙 厚度200mm以内 商品砼		m3		
4	⊟ 011702013	项	短肢剪力墙、电梯井壁		m2	DZJLQMBMJQD	DZJLQMBMJQD〈短肢剪力墙模板面积(清单)〉
5	AE0152	定	现浇混凝土模板 直形墙		m2		
6	AE0175	定	构件超高模板 高度超过3.6m每超过1m 墙		m2		

图 3.3.24

b. 在剪力墙里连梁是归到剪力墙里的,所以连梁做法套用,如图 3.3.25 所示。

	编码	类别	名称	项目特征	单位	工程量表达式	表达式说明
1	⊟ 010504001	项	直形墙		m3	JLQTJQD	JLQTJQD〈剪力墙体积 (清单)〉
2	AE0117	定	砼泵输送砼 输送泵车排除量(m3/h)60		m3		
3	AE0049	定	直形墙 厚度200mm以内 商品砼		m3		
4	⊟ 011702013	项	短肢剪力墙、电梯井壁		m2	DZJLQMBMJQD	DZJLQMBMJQD〈短肢剪力墙模板面积(清单)〉
5	AE0152	定	现浇混凝土模板 直形墙		m2		
6	AE0175	定	构件超高模板 高度超过3.6m每超过1m 墙		m2		

图 3.3.25

④剪力墙的绘制。

直线绘制。在导航栏中选择"墙"→"剪力墙",在构件列表中切换想要绘制的构件(以 JLQ-1 为例),根据结构施工图 G-09 完成剪力墙绘制,如图 3.3.26 所示。

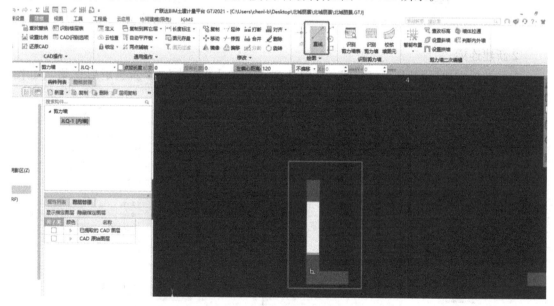

图 3.3.26

⑤连梁的绘制。

连梁定义完毕之后,切换至绘图界面同样采用"直线"方法进行绘制,根据结构施工图 G-38 完成连梁绘制,如图 3.3.27 所示。

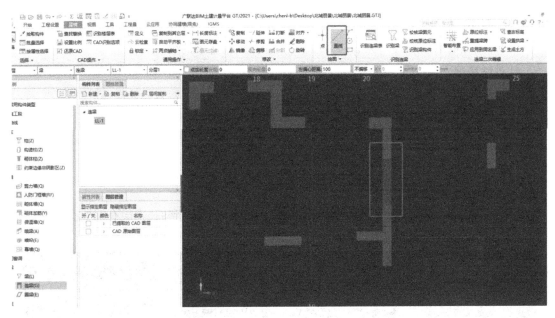

图 3.3.27

2)输出结果

完成绘制后,单击"汇总计算"或按"F9"完成汇总计算,再选择查看报表,单击"设置报表范围",选择地下一层剪力墙、连梁、暗柱后查看清单工程量,如图 3.3.28 所示;钢筋工程量,如图 3.3.29 所示。

	序号	编码	项目名称	单位	工程量
1			实体项目		
2	⊞ 1	010101002001	挖一般土方	m3	10562.2584
7	⊞ 2	010501001001	垫层	m3	112.4239
12	⊞ 3	010501004001	满堂基础	m3	555.0093
17	⊞ 4	010503002001	矩形梁	m3	0.384
22	⊞ 5	010504001001	直形墙	m3	84.3824
156			措施项目		
157	⊞ 1	011702001001	基础	m2	70.9

图 3.3.28

	构件类型	合计(t)	级别	6	8	10	12	16	25
1	暗柱/端柱	7.264	Φ			7.264			
2		5.436	Φ					5.436	
3		0.103	Φ		0.034			0.069	
4	剪力墙	0.001	Φ	0.001					
5		0.122	Φ				0.122		
6	连梁	0.049	Φ			0.013			0.036
7	筏板基础	87.243	Φ						87.243
8	合计(t)	7.265	Φ	0.001		7.264			
9		5.436	Φ					5.436	
10		87.517	Φ		0.034	0.013	0.122	0.069	87.279

图 3.3.29

3）练习题

根据《北城丽景》施工图，完成项目地下一层剪力墙、连梁的绘制。

4）总结拓展

在属性编辑框中，勾选后方"附加"，方便对所定义的构件进行查看和区分。

3.3.3 地下一层梁工程量计算

1）地下一层梁操作演示

（1）图纸分析

分析梁：分析结构施工图 G-14、G-15，分别从下至上、从左到右，本层有框架梁和非框架梁两种，如图 3.3.30、图 3.3.31 所示。

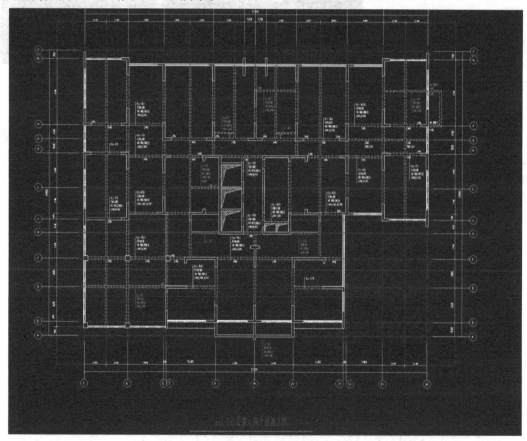

图 3.3.30

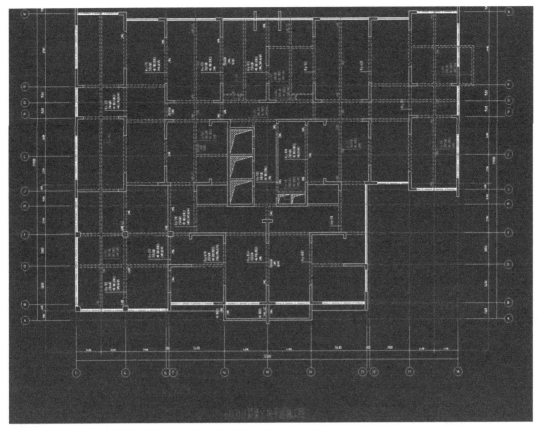

图 3.3.31

(2)梁的属性定义

框架梁:在导航栏中单击"梁"→"梁",在构件列表中单击"新建"→"新建矩形梁",结合结构施工图 G-14 中的信息新建矩形梁 KLx-1(1),在属性列表中输入相应属性值,如图 3.3.32、图 3.3.33 所示。

图 3.3.32

图 3.3.33

（3）做法套用

梁定义好后,需套用做法,在"定义中"选择"构件做法",单击"添加清单",添加混凝土有梁板清单项 010505001 和有梁板模板清单 011702014;在混凝土模板清单下添加定额 AE0073,在有梁板下添加定额 AE0157、AE0174;单击项目特征可根据实际项目情况添加。

KLx-1(1)的做法套用,如图 3.3.34 所示。

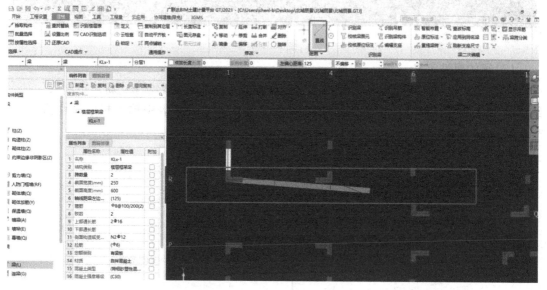

图 3.3.34

（4）梁的绘制

绘制梁的顺序为先主梁后次梁。一般情况下按先上后下、先左后右的方向进行绘制,以确保绘制无遗漏。

①直线绘制。

梁属于线性构件,直线梁用"直线"绘制,在绘图界面,单击"直线",再选择梁的起点和终点,起点终点选择轴网交点即可,如图 3.3.35 所示。

图 3.3.35

②偏心梁绘制。

如遇梁柱为对齐或存在偏心梁绘制时,可采用"Shift+左键"的方法偏移,也可使用"对齐"功能。

a."Shift+左键":按住"Shift"后找到轴网捕捉点,单击鼠标左键弹出对话框后输入偏移值后进行绘制,如图 3.3.36 所示。

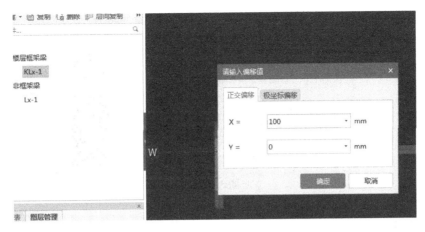

图 3.3.36

b."对齐"绘制:找到上方功能栏中"修改"后单击"对齐"根据提示选择要对齐到的边线，再选择构件需要对其边线完成绘制,如图 3.3.37 所示。

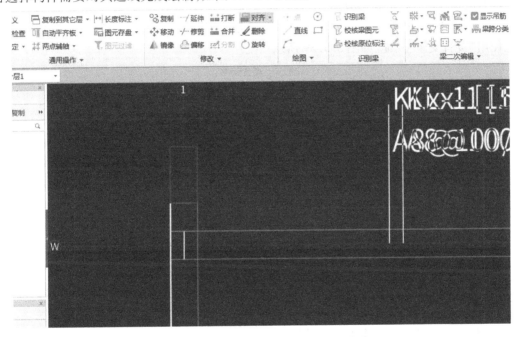

图 3.3.37

③镜像绘制梁图元。

当部分轴网上布置的梁构件与部分轴网上梁构件对称,则可采用"镜像"绘制图元。操作方法同柱构件镜像。

④分层绘制。

在遇到绘制梯梁时,会出现同一位置不同标高的梁构件,此时可运用软件中分层绘制功能处理,切换不同层后直接绘制即可保持绘制方式不变,如图 3.3.38 所示。

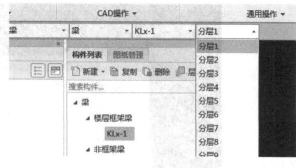

图 3.3.38

(5)梁的二次编辑

①原位标注。

梁绘制完后仅仅是对梁的集中标注进行了输入,还需要进行原位标注的输入。由于梁是以柱和墙为支座,提取梁跨和原位标注前,需要绘制好所有的支座。图中梁显示为粉色时,标识还没有进行原位标注和梁跨提取,无法对梁进行正确的钢筋计算。

在 GTJ2021 中,可通过三种方式提取梁跨:一是使用"原位标注";二是使用"重提梁跨";三是使用"设置支座"功能,如图 3.3.39 所示。

图 3.3.39

对于没有原位标注的梁,可通过提取梁跨把梁的颜色变为绿色。

有原位标注的梁,可通过输入原位标注把梁变成绿色。

软件中梁分为粉色和绿色,目的在于提醒哪些梁已进行了原位标注的输入,便于检查,防止遗漏影响计算结果。

a.原位标注。梁的原位标注主要有支座钢筋、跨中钢筋、下部钢筋、架立筋和次梁筋,另外变截面的梁也需要在原位标注中输入。下面以 KLx-1(1)为例,讲解梁原位标注。

(a)在"梁二次编辑"中选择"原位标注"。

(b)选择要输入原位标注的 KLx-1(1),绘图区域显示原位标注输入框,下方显示平法表格。

(c)对应输入钢筋信息,有两种方式:一是在绘图区显示的原位标注输入框中输入,比较直观如图 3.3.40 所示。

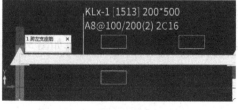

图 3.3.40

二是在"梁平法表格"中输入,如图 3.3.41 所示。

位置	名称	跨号	弯		构件尺寸(mm)							上通长筋	左支座钢筋	上部钢
			终点标高	A1	A2	A3	A4	跨长	截面(B*H)	距左边线距离				跨中钢
<1,W;4...	KLx-1	1	17.1	(100)	(100)	(700)	(100)	(4800)	(200*500)	(100)	2Φ16			

图 3.3.41

绘图区输入:按照图纸标注原位标注信息输入,如图 3.3.42 所示。

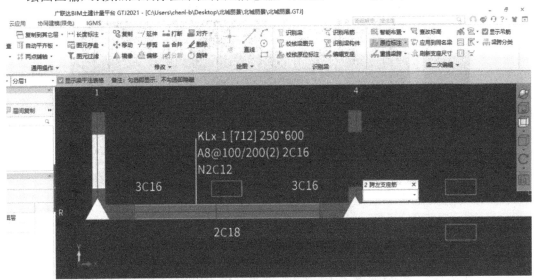

图 3.3.42

b. 重提梁跨。

(a)在"梁二次编辑"中选择"重提梁跨",如图 3.3.43 所示。

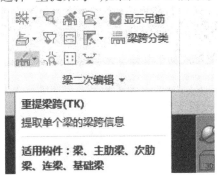

图 3.3.43

(b)在绘图区域中选择梁图元即可。

c. 设置支座。

(a)在"梁二次编辑"分组中选择"设置支座",如图 3.3.44 所示。

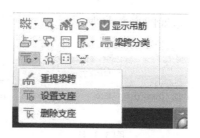

图 3.3.44

（b）左键选择需要设置支座的梁,如 KLx-1,如图 3.3.45 所示。

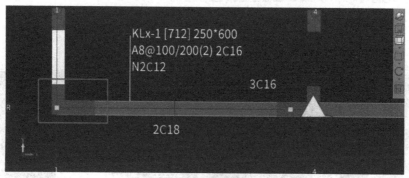

图 3.3.45

（c）左键单选或拉框选择作为支座的图元,右键确定,如图 3.3.46 所示。

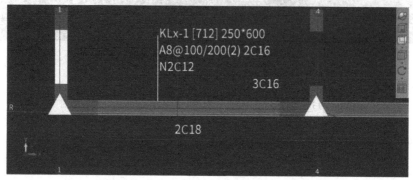

图 3.3.46

（d）如支座设置错误,在设置支座下方可选择删除支座,如图 3.3.47 所示。

图 3.3.47

②梁标注快速复制。

分析结构施工图 G-14 可以发现图中有很多同名梁。这时,我们不需要对每道梁都进行原位标注,直接可以使用软件中的几个复制功能,快速进行原位标注。

a. 梁跨数据复制。工程中不同名称的梁,梁跨的原位标注相同,通过此功能可以快速把选中梁跨复制到目标梁跨上去。

第一步:在"梁二次编辑"中选择"梁跨数据复制",如图 3.3.48 所示。

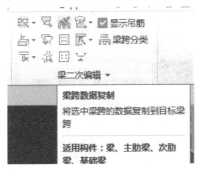

图 3.3.48

第二步:选择需要复制的梁跨,单击右键确定,需要复制的梁跨选中后为红色,如图 3.3.49 所示。

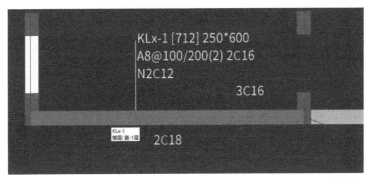

图 3.3.49

第三步:选择目标梁跨,选中为黄色显示,单击右键确认即可,如图 3.3.50 所示。

图 3.3.50

b. 应用到同名梁。如果图纸存在多个同名梁,且原位标注完全一致,就可以使用该功能快速实现原位标注。

第一步:在"梁二次编辑"中选择"应用到同名梁",如图 3.3.51 所示。

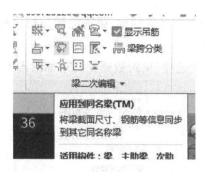

图 3.3.51

第二步:选择应用方法,软件提供了三种选择,如图 3.3.52 所示。

图 3.3.52

同名称未提取梁跨梁:未识别的浅红色颜色的梁。

同名称已提取梁跨梁:已识别梁跨且为绿色,但原位标注未输入。

所有同名梁:是指不考虑梁是否已识别。

第三步:左键在绘图区选择梁图元,右键确定即可。

2)输出结果

(1)查看梁钢筋工程量计算结果

前面的部分没有涉及构件的钢筋计算结果查看,主要是因为竖向构件在上下层未绘制时,无法正确计算搭接和锚固,对于这两类水平构件,本层相关预案回执完毕,就可以正确计算钢筋量,并查看结果。

①通过"编辑钢筋"查看每根钢筋详细情况:选择"钢筋计算结果"面板下的"编辑钢筋"即可查看,如图 3.3.53 所示。

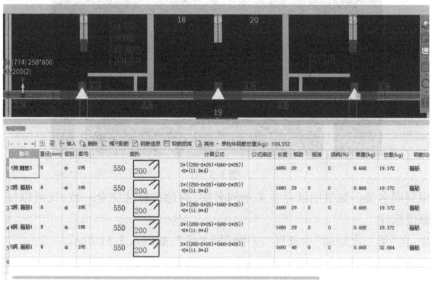

图 3.3.53

②通过"查看钢筋量"来查看计算结果:选择钢筋量菜单下的"查看钢筋量",或者在工具中选择"查看钢筋量"命令,选择所要查看的图元即可,如图 3.3.54 所示。

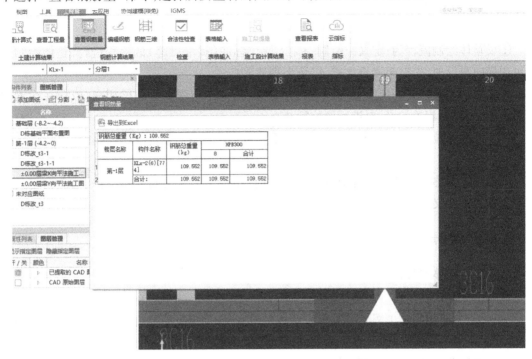

图 3.3.54

(2)查看土建工程量计算结果

切换至"工程量"单击土建计算结果处"查看工程量"即可,如图 3.3.55 所示。

图 3.3.55

3)练习题

根据《北城丽景》施工图,完成项目地下一层梁的绘制。

4)总结拓展

①梁整体绘制流程为:定义→绘制→输入原位标注(提取梁跨)的流程进行,整体绘制顺序可先横向再纵向,先框架梁再次梁,以免出现遗漏。

②一般一道梁绘制完成后就可以进行原位标注,如果出现与其他梁相交,或存在次梁的情况,则需先绘制相关的梁,再进行原位标注。

③在选择原位标注时,如平法表格中填写原位标注则在绘图区域中不会在原位标注框显示。

④如同一名称梁在图纸上有两种截面尺寸时,软件不能定义同名称构件,因此在定义时需重新加标记定义。

3.3.4 地下一层板工程量计算

1)地下一层板操作演示

(1)图纸分析

分析板:分析结构施工图 G-13,可查看板的厚度、钢筋信息及局部板标高,进行板图分析时,须注意以下内容:

①图纸说明、厚度说明、配筋说明。

②板标高。

③板的分类,相同位置板。

④受力筋、板负筋类型,跨板受力筋位置、钢筋位置以及尺寸标注原则。

(2)板的属性定义和绘制

①板属性定义。

在导航栏中选择"板"→"现浇板",在构件列表中单击"新建"→"新建现浇板"。以①—④轴与 R-X 轴所围区域的板为例,由于图中区域未标注板信息,所以板厚按说明中"未标注板厚均为 180 mm"来设置,新建后如图 3.3.56 所示。

②板的做法套用。

板构件定义好后,需要进行做法套用,单击"定义",在对话框中单击"构建做法",可通过查询清单库形式添加清单,添加混凝土有梁板清单项 010505001 和有梁板模板清单011702014;在混凝土有梁板下添加定额 AE0073,在有梁板模板下添加定额 AE0157,AE0176;根据项目实际情况添加项目特征即可,如图 3.3.57 所示。

图 3.3.56

图 3.3.57

(3)板的绘制

①点绘制板。

以 B-1 为例,定义好楼板属性后,单击"点画",在板区域单击鼠标左键即可(如板标高非层顶标高可在属性中设置标高即可),如图 3.3.58 所示。

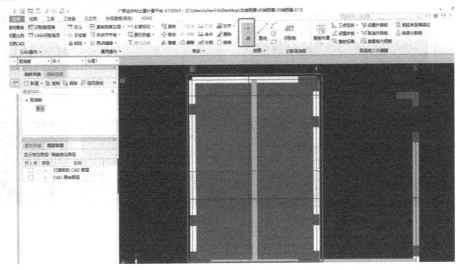

图 3.3.58

②直线绘制。

以 B-100 为例,定义好属性后,单击"直线",左键单击 B-100 边界的交点,围成封闭区域即可布置,如图 3.3.59 所示。

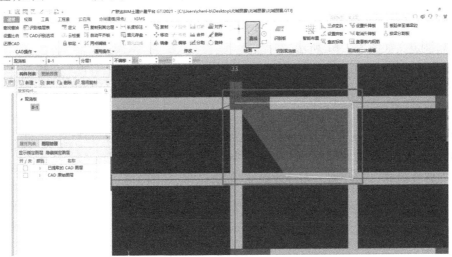

图 3.3.59

③矩形绘制。

如图 3.3.60 所示中区域没有封闭,可采用"矩形"绘制,单击矩形选择板图元的两个对角点绘制即可(如板标高非层顶标高需在属性设置中修改标高)。

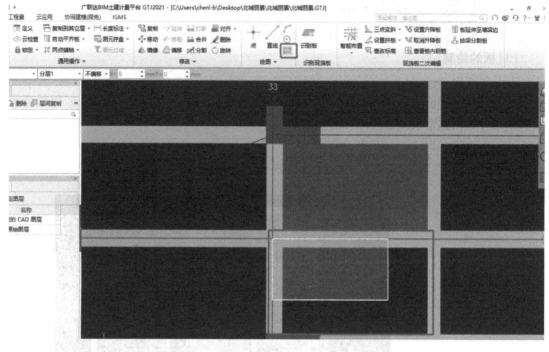

图 3.3.60

④自动生成板。

当板下的梁、墙绘制完毕,且图中板类别较少时可使用自动布置板,软件能自动根据梁和墙围成的封闭区域布置整层的板。

(4)板受力筋属性定义及绘制

①在导航栏中选择"板"→"板受力筋",在构件列表中选择"新建"→"新建板受力筋",以①—④轴与 R-X 轴所围区域的板为例,通过图纸说明在对应范围内受力筋信息为 C12@150,且均为双向布置,完成属性定义如图 3.3.61 所示。

②板受力筋绘制。

在"构件列表"中选择新建好的受力筋,在板二次编辑中单击"布置受力筋",如图 3.3.62 所示。

按布置范围选择对应"单板""多板""自定义""按受力范围"布置;按布置方向有"XY方向""水平""垂直"布置;"两点""平行边""弧线边布置放射筋"以及"圆心布置放射筋"布置范围,如图 3.3.63 所示。

图 3.3.61

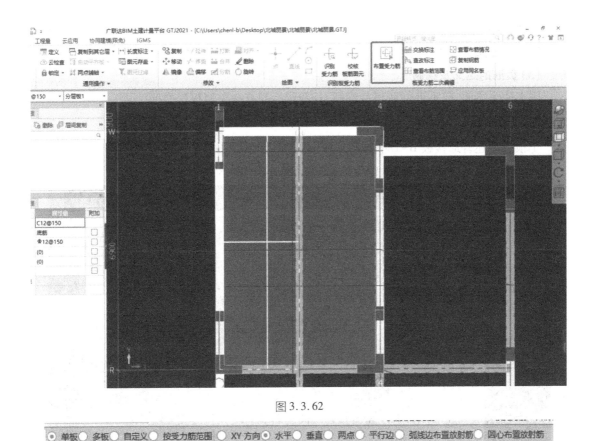

图 3.3.62

图 3.3.63

因为①—④轴与 X–U 轴所围区域均为 B–180，采用"双网双向布置"→"选择钢筋信息"→左键选择板→点选参照轴网布置即可，如图 3.3.64 所示。

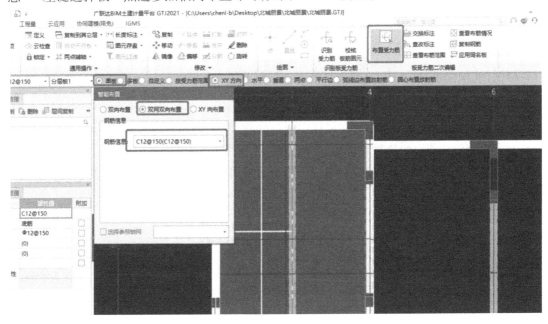

图 3.3.64

③跨板受力筋。

因本层无跨板受力筋,故不进行新建及绘制,其新建绘制方法类似板受力筋。

（5）负筋的定义及绘制

因本层无负筋,故不进行新建及绘制,其新建绘制方法类似板受力筋。

2）输出结果

①根据上述普通楼板 B-180 的定义方法,完成本层剩余板的定义。

②板构件绘制方式完成整层楼板绘制,如图 3.3.65 所示。

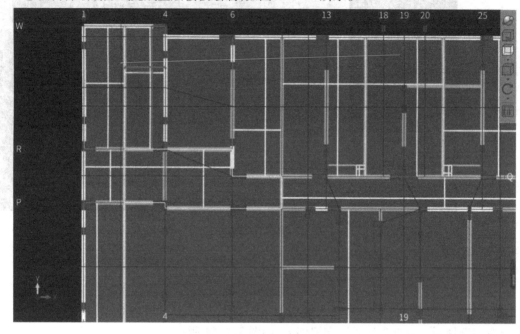

图 3.3.65

③汇总计算完成板的工程量统计。

3）练习题

根据《北城丽景》施工图,完成项目地下一层板及板内钢筋的绘制。

4）总结拓展

①板标高与层顶不一致时,可在属性中进行修改。

②利用镜像功能可快速复制板构件。

③当遇到负筋布置出现方向错误时,不用删除可用板受力筋二次编辑中"交换标注"功能快速修改,如图 3.3.66 所示。

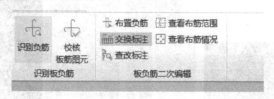

图 3.3.66

④当遇到板钢筋布置密集想查看,或者板钢筋布置不上提示布置位置重叠时,在板受力筋二次编辑中找到"查看布筋范围"进行查看,如图 3.3.67 所示。

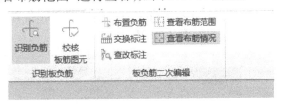

图 3.3.67

3.3.5　地下一层砌体结构(砌体墙)工程量计算

1)地下一层砌体结构(砌体墙)操作演示

(1)图纸分析

分析砌体墙,通过分析建筑设计说明可以得到填充墙厚度信息,如图 3.3.68 所示;通过分析建筑施工图 JS-03 可以查看填充墙平面位置,如图 3.3.69 所示。

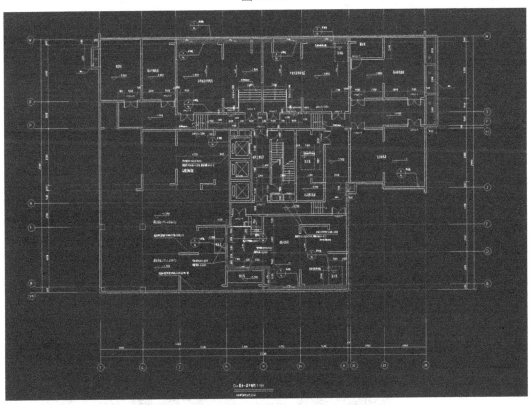

图 3.3.68

图 3.3.69

（2）砌块墙属性定义

新建砌体墙的方式可以参照剪力墙,此处不过多赘述。新建过程中注意内外墙区分,内外墙设置除了对自身工程量有影响,还影响部分其他构件的智能布置。这里根据工程实际情况对标高进行定义即可,如图 3.3.70、图 3.3.71 所示。

图 3.3.70   图 3.3.71

（3）做法套用

砌块墙做法套用,如图 3.3.72 所示。

图 3.3.72

（4）填充墙绘制

①直线绘制:与剪力墙类似。

②点加长度绘制:单击"直线"绘制功能,再选择"点加长度",在点加长长度处输入对应加长尺寸后找到对应起始点绘制即可,如图 3.3.73 所示。

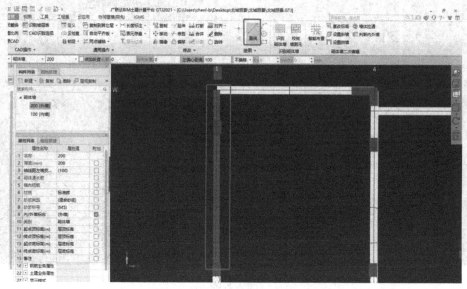

图 3.3.73

③偏移绘制:类似剪力墙。

2)输出结果

①砌体墙任务结果。

②汇总计算,统计本层填充墙工程量,并在报表中查看。

3)练习题

根据《北城丽景》施工图,完成项目地下一层砌体墙的绘制。

4)总结拓展

软件对内外墙定义的规定:软件为方便内外墙区分以及平整场地进行外墙轴线的智能布置,需要进行内外墙区分。

3.3.6　地下一层门窗、构造柱等工程量计算

1)地下一层门窗、构造柱操作演示

(1)图纸分析

分析建筑施工图 JS-17,通过门窗统计表我们可以查看本项目中所有的门窗构件,如图3.3.74 所示。

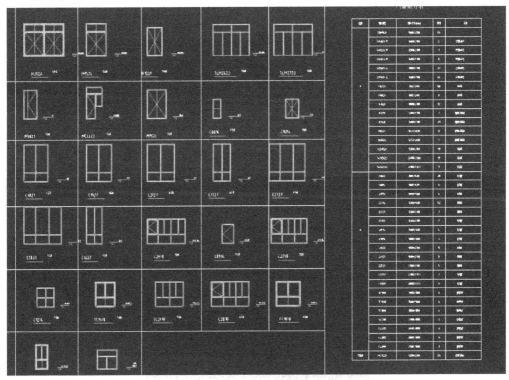

图 3.3.74

(2)构件属性定义

①门的属性定义。

在导航栏中选择"门窗洞"→"门"。在构件列表中选择"新建"→"新建矩形门",结合门

窗表在属性编辑框中输入相应属性,此处以 FM1521-甲为例,如图 3.3.75 所示。

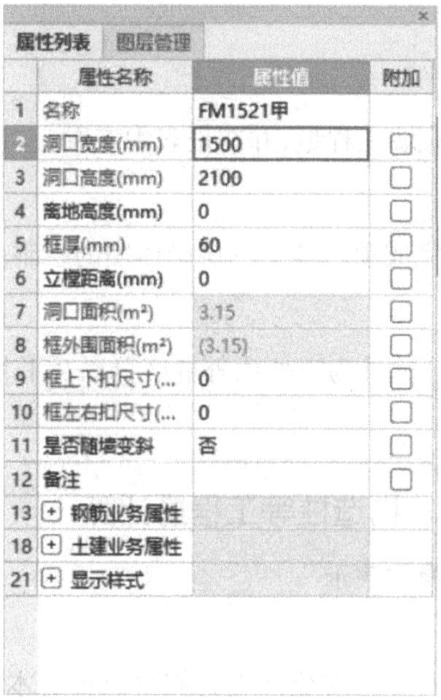

	属性名称	属性值	附加
1	名称	FM1521甲	
2	洞口宽度(mm)	1500	☐
3	洞口高度(mm)	2100	☐
4	离地高度(mm)	0	☐
5	框厚(mm)	60	☐
6	立樘距离(mm)	0	☐
7	洞口面积(m²)	3.15	☐
8	框外围面积(m²)	(3.15)	☐
9	框上下扣尺寸(...	0	☐
10	框左右扣尺寸(...	0	☐
11	是否随墙变斜	否	☐
12	备注		☐
13	⊞ 钢筋业务属性		
18	⊞ 土建业务属性		
21	⊞ 显示样式		

图 3.3.75

②门做法套用。

根据门窗表套取对应门做法,如图 3.3.76 所示。

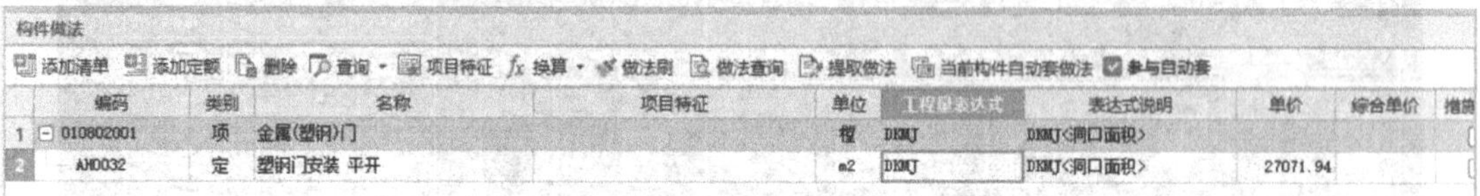

	编码	类别	名称	项目特征	单位	工程量表达式	表达式说明	单价	综合单价	增...
1	⊟ 010802001	项	金属(塑钢)门		樘	DKMJ	DKMJ〈洞口面积〉			
2	AHD032	定	塑钢门安装 平开		m2	DKMJ	DKMJ〈洞口面积〉	27071.94		

图 3.3.76

③窗属性定义。

在导航栏中选"门窗洞"→"窗",单击"定义",在构件列表中选"新建"→"新建矩形门窗",新建矩形窗 C1927,根据门窗表得知以下属性信息,如图 3.3.77、图 3.3.78 所示。

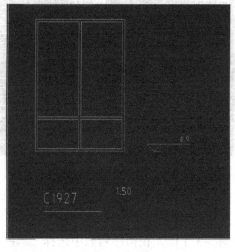

C1927   1.50   0.9

图 3.3.77

	C1927	1900×2700	9	塑钢窗

图 3.3.78

④窗的属性值及做法套用。

窗的属性值及做法套用,如图 3.3.79 所示。

	编码	类别	名称	项目特征	单位	工程量表达式	表达式说明	单价	综合单价	措施
1	⊟ 010807001	项	金属(塑钢、断桥)窗		樘	DKMJ	DKMJ<洞口面积>			
2	AM0092	定	塑钢成品窗安装 推拉		m2	DKMJ	DKMJ<洞口面积>	25628.13		

图 3.3.79

其余门窗属性及做法套用:方法同上,完成剩余门窗定义及做法套用即可。

(3)门窗洞口及构造柱的绘制

门窗洞构件属于墙的附属构件,也就是说门窗洞构件必须绘制在墙上。

①点画法。

门窗最常用的就是"点"绘制,对于计算来说,一段墙扣减门窗面积,只要门窗绘制在墙上即可,一般对位置要求不是很精确,所以直接采用点绘制即可。绘制时,软件默认开启动态输入数值框,可直接输入一边距墙端头距离,或通过"Tab"键切换输入。

②精确布置。

当门窗紧邻柱等构件时,考虑其上过梁与旁边墙、柱扣减关系,需要对这些门窗精确定位。

③绘制门。

a.智能布置:墙段中点,如图 3.3.80 所示。

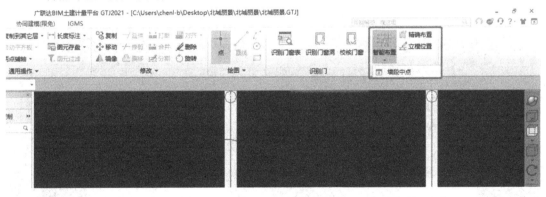

图 3.3.80

b.精确布置:左键选择参考点后输入偏移值:−500,如图 3.3.81 所示。

c.镜像:操作同柱等点式构件。

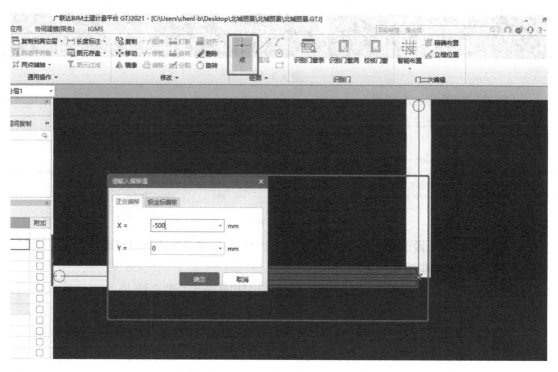

图 3.3.81

④窗绘制。

a. 点绘制,如图 3.3.82 所示。

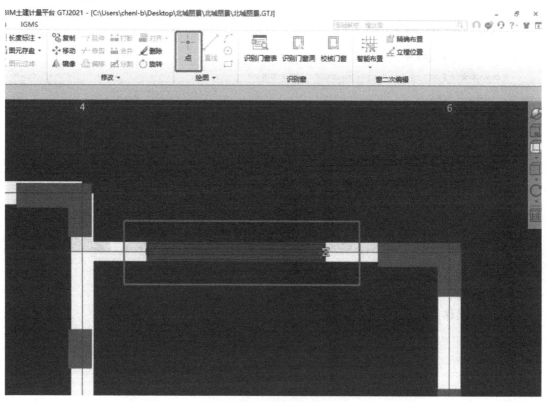

图 3.3.82

b. 精确布置:如图 3.3.83 所示。

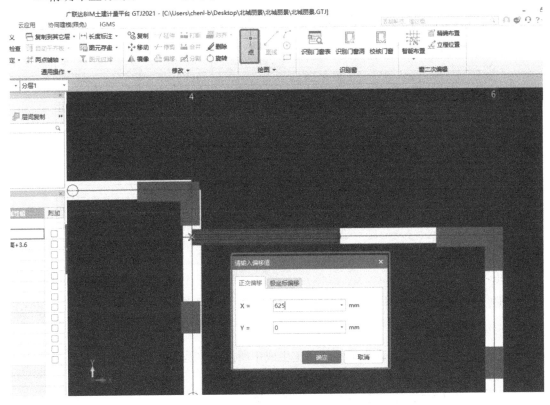

图 3.3.83

c. 镜像:略。

⑤构造柱绘制:构造柱可采用智能布置快速生成,如图 3.3.84 所示。

图 3.3.84

2）输出结果

汇总计算，统计本层门窗的工程量，如图 3.3.85 所示。

		序号	编码	项目名称	单位	工程量
1				实体项目		
2	⊞	1	010101002001	挖一般土方	m3	10562.2584
7	⊞	2	010401004001	多孔砖墙	m3	3.5507
12	⊞	3	010501001001	垫层	m3	112.4239
17	⊞	4	010501004001	满堂基础	m3	555.0093
22	⊞	5	010503002001	矩形梁	m3	0.384
27	⊞	6	010504001001	直形墙	m3	228.7479
182	⊞	7	010505001001	有梁板	m3	1.0773
187	⊞	8	010505001002	有梁板	m3	5.0313
194	⊞	9	010802001001	金属（塑钢）门	樘	3.15
199	⊞	10	010807001001	金属（塑钢、断桥）窗	樘	5.13
204				措施项目		
205	⊞	1	011702001001	基础	m2	70.9
210	⊞	2	011702014001	有梁板	m2	35.6649

图 3.3.85

3）练习题

根据《北城丽景》施工图，完成项目地下一层门窗、构造柱的绘制。

4）总结拓展

构造柱可按实际情况自动生成但须确定生成中所选条件是否符合工程项目。

3.3.7　地下一层楼梯及梯梁工程量计算

1）地下一层楼梯及梯梁操作演示

（1）图纸分析

楼梯：分析结构施工图 G-38、建筑施工图 JS-14、13 可以找到楼梯的钢筋信息以及尺寸信息如图 3.3.86、图 3.3.87 所示。

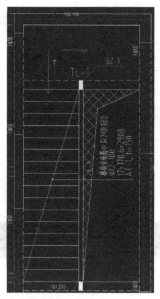

图 3.3.86

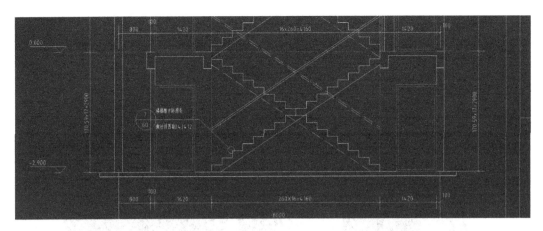

图 3.3.87

(2) 楼梯的定义

新建楼梯,本案例中地下一层为直行楼梯,以本图纸楼梯进行讲解。在导航栏中选择"楼梯"→"直行梯段"→"新建"→"直行梯段",输入对应属性信息,如图 3.3.88 所示。

图 3.3.88

(3) 做法套用

本案例做法套用,如图 3.3.89 所示。

	编码	类别	名称	项目特征	单位	工程量表达式	表达式说明	单价	综合单价	描
1	⊟ 010506001	项	直形楼梯		m2	TYMJ	TYMJ<投影面积>			
2	AE0093	定	直形楼梯 商品砼		m2	TYMJ	TYMJ<投影面积>	1078.67		
3	⊟ 011702024	项	楼梯		m2	TYMJ	TYMJ<投影面积>			
4	AE0167	定	现浇混凝土模板 楼梯 直形		m2	TYMJ	TYMJ<投影面积>	14229.29		

图 3.3.89

(4)楼梯绘制

选择直线绘制,如图 3.3.90 所示。

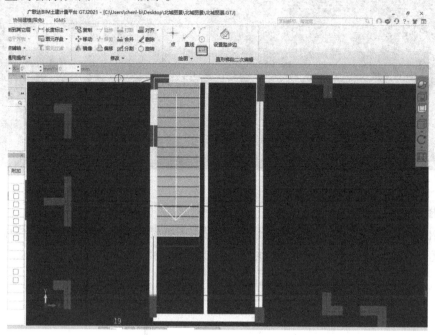

图 3.3.90

【注意】

右侧梯段可采用镜像功能快速绘制。

(5)梯梁绘制

选择直线绘制方法同梁绘制。

2)输出结果

①汇总楼梯土建工程量,如图 3.3.91 所示。

图 3.3.91

②表格输入法计算楼梯梯板钢筋量。

单击"工程量"页签下的"表格输入"→"构件"→"参数输入"→"A-E 楼梯"→"AT 型楼梯",然后按照图纸信息输入楼梯钢筋信息即可,如图 3.3.92 所示。

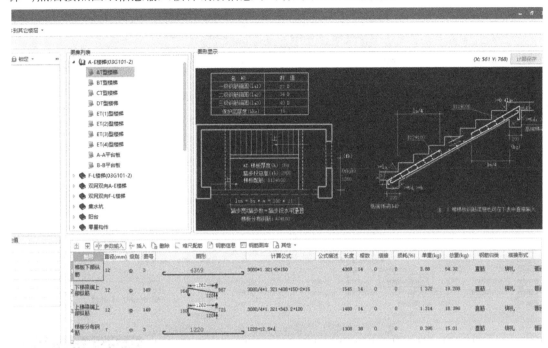

图 3.3.92

3）练习题

根据《北城丽景》施工图,完成项目地下一层楼梯及梯梁的绘制。

任务 3.4　首层建模及工程量输出

通过本任务的学习,你将能够:

（1）完成首层柱、墙、板梁、门窗、楼梯等构件定义及绘制;

（2）掌握暗柱、连梁等在 GTJ2021 中的处理方法。

3.4.1　首层柱工程量计算

1）首层柱操作演示

（1）图纸分析

分析柱:分析结构施工图 G-09、G-10 查看首层柱构件的种类、尺寸信息及钢筋信息。

（2）首层柱构件的定义及绘制

由结构施工图 G-09 可知,首层柱与地下一层柱为同一套图纸,所以无需重复建立,直接复制即可。

将楼层切换到首层,如图 3.4.1 所示;单击"从其他楼层复制",如图 3.4.2 所示,单击确定即可。

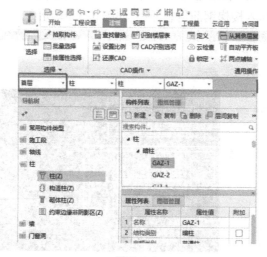

图 3.4.1

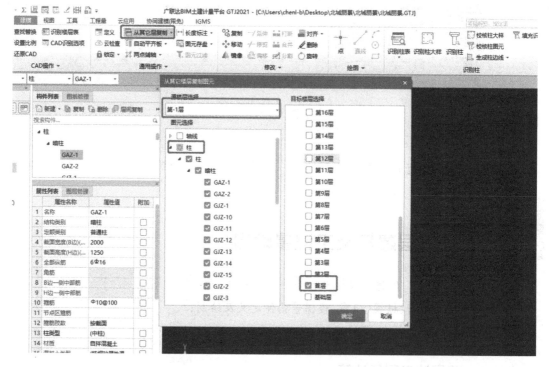

图 3.4.2

2)输出结果

完成首层柱绘制后单击"工程量"页签下的云检查,检查无误后进行汇总计算(或按"F9"键),弹出汇总计算对话框,选择首层下的柱,如图 3.4.3 所示。

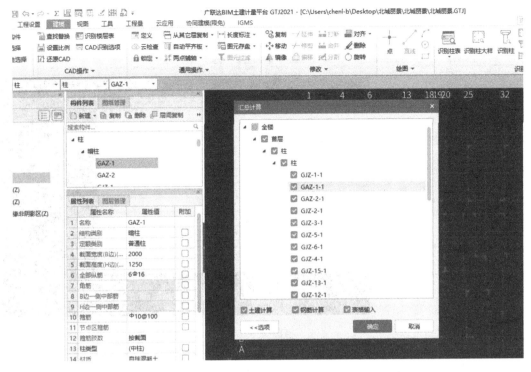

图 3.4.3

　　汇总计算后在"工程量"页签下,可以查看"土建计算"结果,单击查看工程量框选首层柱构件,可查看清单定额工程量,如图 3.4.4 所示;"钢筋计算"结果,如图 3.4.5 所示。

图 3.4.4

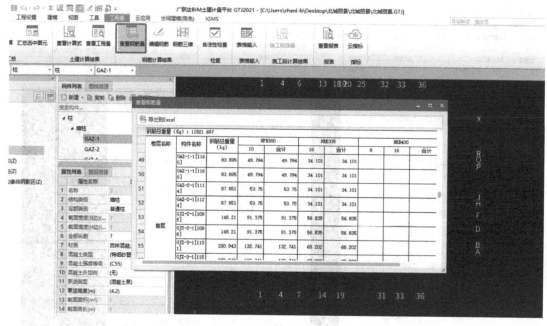

图 3.4.5

3）练习题

根据《北城丽景》施工图,完成项目首层柱的绘制。

4）总结拓展

同地下一层。

3.4.2 首层剪力墙工程量计算

1）首层剪力墙操作演示

同地下一层,通过"从其他楼层复制"即可。

2）练习题

根据《北城丽景》施工图,完成项目首层剪力墙的复制。

3.4.3 首层梁工程量计算

1）首层梁操作演示

(1)图纸分析

分析梁:分析结构施工图 G-17、G-18,分别从下至上、从左到右,本层有框架梁和非框架梁两种,如图 3.4.6、图 3.4.7 所示。

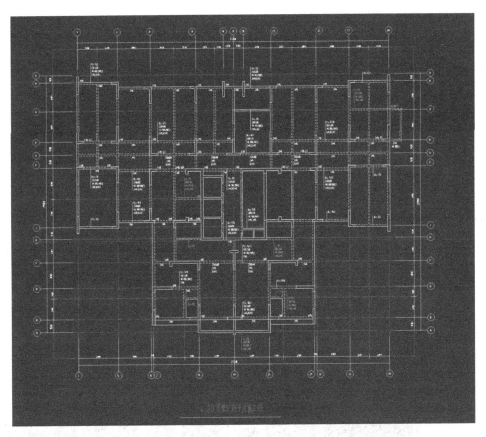

图 3.4.6

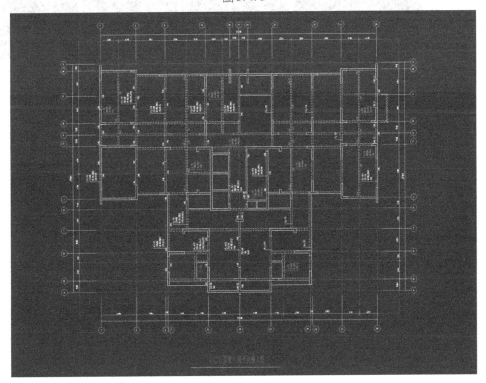

图 3.4.7

（2）梁的属性定义

同地下一层。

（3）做法套用

同地下一层。

（4）梁的绘制

同地下一层。

（5）梁的二次编辑

同地下一层。

2）输出结果

（1）查看梁钢筋工程量计算结果

前面的部分没有涉及构件的钢筋计算结果查看,主要是因为竖向构件在上下层绘制时,无法正确计算搭接和锚固,对于这两类水平构件,本层相关预案回执完毕,就可以正确计算钢筋量,并查看结果。

①通过"编辑钢筋"查看每根钢筋详细情况:选择"钢筋计算结果"面板下的"编辑钢筋"即可查看,如图 3.4.8 所示。

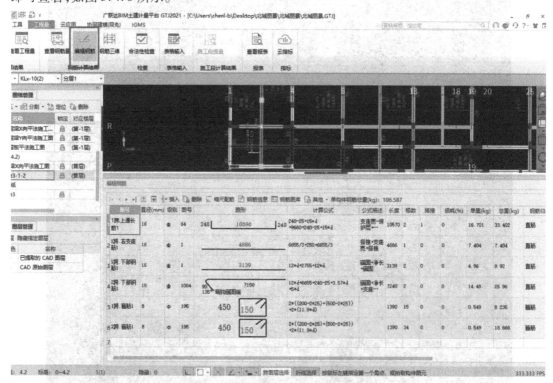

图 3.4.8

②通过"查看钢筋量"来查看计算结果:选择钢筋量菜单下的"查看钢筋量",或者在工具中选择"查看钢筋量"命令,选择所要查看的图元即可,如图 3.4.9 所示。

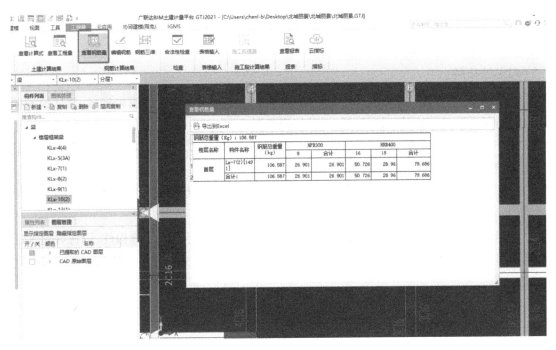

图 3.4.9

（2）查看土建工程量计算结果

切换至"工程量"单击"查看工程量"即可，如图 3.4.10 所示。

图 3.4.10

3）练习题

根据《北城丽景》施工图，完成项目首层梁的绘制。

4）总结拓展

①梁整体绘制流程为：定义→绘制→输入原位标注（提取梁跨）的流程进行，整体绘制顺序可先横向再纵向，先框架梁再次梁，以免出现遗漏。

②一般一道梁绘制完成后就可以进行原位标注，如果出现与其他梁相交，或存在次梁的情况，则需先绘制相关的梁，再进行原位标注。

③在选择原位标注时，如平法表格中填写原位标注，则在绘图区域中不会在原位标注框显示。

④如同一名称梁在图纸上有两种截面尺寸时，软件不能定义同名称构件，因此在定义时需重新加标记定义。

3.4.4 首层板工程量计算

1）首层板操作演示

（1）图纸分析

分析板：分析结构施工图 G-19，可查看板的厚度、钢筋信息及局部板标高，进行板图分析时，须注意以下内容：

①图纸说明、厚度说明、配筋说明。

②板标高。

③板的分类，相同位置板。

④受力筋、板负筋类型，跨板受力筋位置、钢筋位置以及尺寸标注原则。

（2）板的属性定义和绘制

①板属性定义。

在导航栏中选择"板"→"现浇板"，在构件列表中单击"新建"→"新建现浇板"。以①—④轴与 R-X 轴所围区域的板为例，由于图中区域未标注板信息，所以板厚按说明中"未标注板厚均为 100 mm"来设置，新建后如图 3.4.11 所示。

②板的做法套用。

同地下一层。

（3）板的绘制

同地下一层。

（4）板受力筋属性定义及绘制

同地下一层。

图 3.4.11

(5)跨板受力筋

以 P、R 轴交 6、13 轴处的跨板受力筋为例,如图 3.4.12 所示,单击新建按钮,选择"新建跨板受力筋",属性如图 3.4.13 所示;在板二次编辑中单击"布置受力筋"→"单板"→"垂直",最后单击板图元即可,如图 3.4.14 所示。

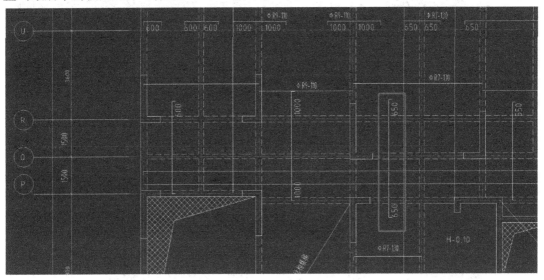

图 3.4.12

图 3.4.13

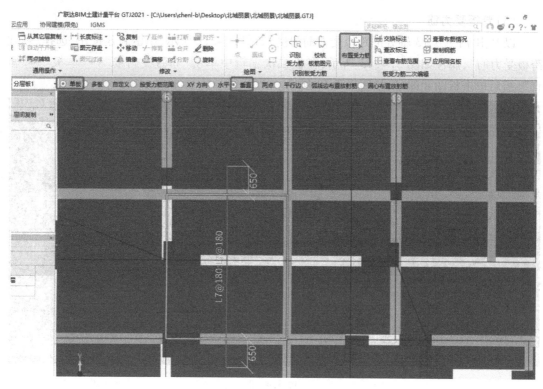

图 3.4.14

(6)负筋的定义及绘制

①以 U、W 轴交 1 轴处负筋为例,如图 3.4.15 所示。

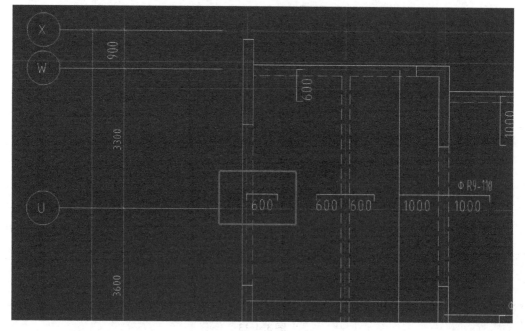

图 3.4.15

　a.负筋定义:进入"板"→"板负筋",在构件列表新建"板负筋"L7@180 定义板负筋属性,如图 3.4.16 所示。

图 3.4.16

b. 如遇双边均有负筋标注,只需将双边都绘制即可,但需注意标注是否含支座宽,我们可以从结构施工图 G-22 查看,如图 3.4.17 所示。

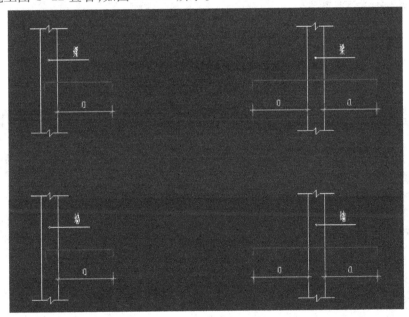

图 3.4.17

②负筋绘制。

负筋定义完毕后对①轴与 U-W 轴所围区域的板进行负筋布置。

对于该区域中负筋布置,单击"板负筋布置"面板上的"布置负筋",如图 3.4.18 所示;选项栏会出现如图 3.4.19 所示布置方式,选择按梁布置即可。

2) 输出结果

①根据上述普通楼板 B-100 的定义方法,完成本层剩余板的定义。

②板构件绘制方式完成整层楼板绘制,如图 3.4.20 所示。

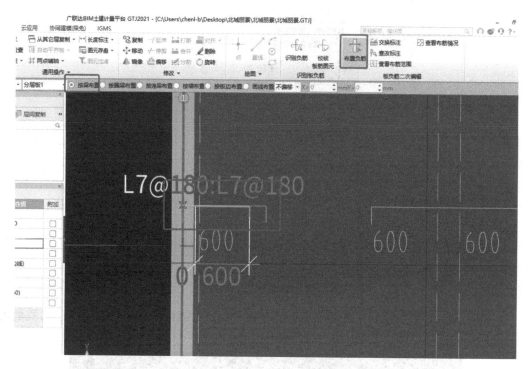

图 3.4.18

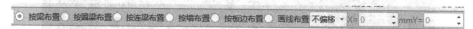

图 3.4.19

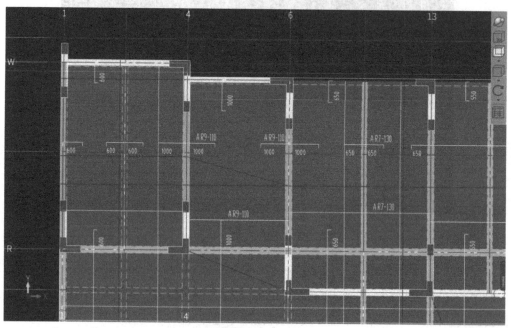

图 3.4.20

③汇总计算完成板的工程量统计。

3) 练习题

根据《北城丽景》施工图,完成项目首层板的绘制。

4) 总结拓展

①板标高与层顶不一致时,可在属性中进行修改。

②利用镜像功能可快速复制板构件。

③当遇到负筋布置出现方向错误时,不用删除,可用板受力筋二次编辑中"交换标注"功能快速修改,如图 3.4.21 所示。

图 3.4.21

④当遇到板钢筋布置密集想查看,或者板钢筋布置不上提示布置位置重叠时,在板受力筋二次编辑中找到"查看布筋范围"进行查看,如图 3.4.22 所示。

图 3.4.22

3.4.5　首层砌体结构(砌体墙)工程量计算

1) 首层砌体结构(砌体墙)操作演示

(1) 图纸分析

分析砌体墙,通过分析建筑设计说明可以得到填充墙厚度信息,如图 3.4.23 所示;通过分析建筑施工图 JS-02 可以查看填充墙平面位置,如图 3.4.24 所示。

(2) 砌块墙属性定义

同地下一层。

(3) 填充墙绘制

同地下一层。

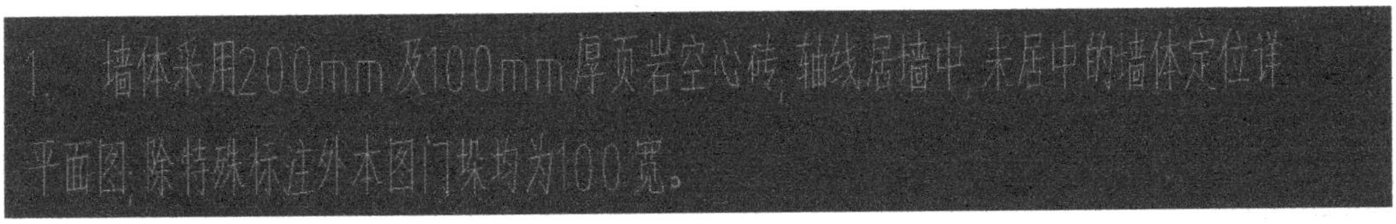

1.　墙体采用200mm及100mm厚页岩空心砖,轴线居墙中,未居中的墙体定位详平面图;除特殊标注外本图门垛均为100宽。

图 3.4.23

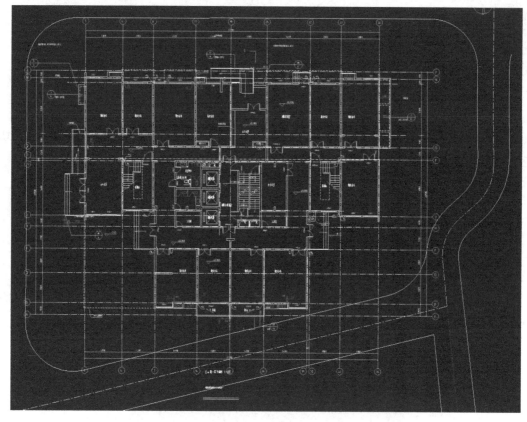

图 3.4.24

2）输出结果

①完成本层砌体墙绘制。

②汇总计算,统计本层填充墙工程量,并在报表中查看。

3）练习题

根据《北城丽景》施工图,完成项目首层砌体结构(砌体墙)的绘制。

4）总结拓展

软件对内外墙定义的规定:软件为方便内外墙区分以及平整场地进行外墙轴线的智能布置,需要进行内外墙区分。

3.4.6 首层门窗、构造柱等工程量计算

1）首层门窗、构造柱操作演示

(1)图纸分析

分析建筑施工图 JS-17,通过门窗统计表我们可以查看本项目中所有的门窗构件,如图 3.4.25 所示。

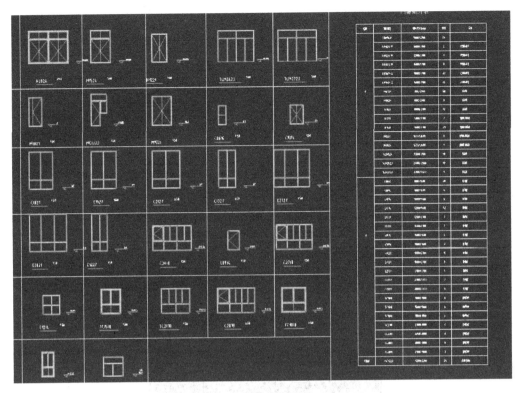

图 3.4.25

(2)构件属性定义

①门的属性定义。

在导航栏中选择"门窗洞"→"门"。在构件列表中选择"新建"→"新建矩形门",结合门窗表在属性编辑框中输入相应属性,此处以 M1521 为例,如图 3.4.26 所示。

图 3.4.26

②门做法套用。

根据门窗表套取对应门做法,如图 3.4.27 所示。

图 3.4.27

③窗属性定义。

在导航栏中选"门窗洞"→"窗",单击"定义",在构件列表中选"新建"→"新建矩形门窗",新建矩形窗 C1927,根据门窗表得知以下属性信息,如图 3.4.28、图 3.4.29 所示。

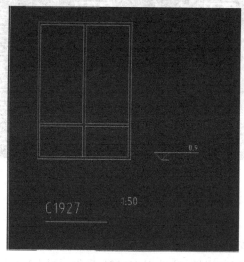

图 3.4.28

| C1927 | 1900×2700 | 9 | 塑钢窗 |

图 3.4.29

④窗的属性值及做法套用。

窗的属性值及做法套用,如图 3.4.30 所示。

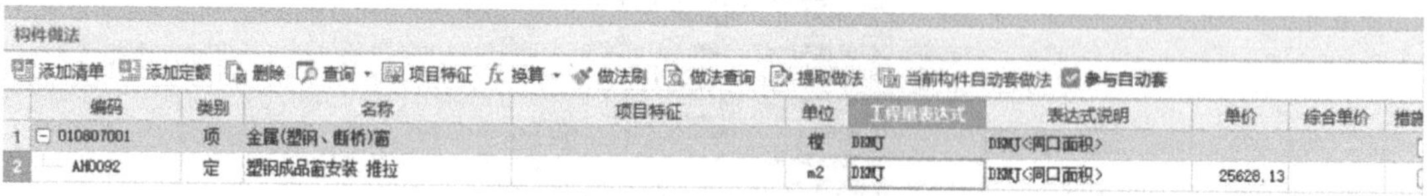

图 3.4.30

其余门窗属性及做法套用:方法同上,完成剩余门窗定义及做法套用即可。

(3)门窗洞口及构造柱的绘制

门窗洞构件属于墙的附属构件,也就是说门窗洞构件必须绘制在墙上。

①点画法。

门窗最常用的就是"点"绘制,对于计算来说,一段墙扣减门窗面积,只要门窗绘制在墙上即可,一般对位置要求不是很精确,所以直接采用点绘制即可。绘制时,软件默认开启动态输入数值框,可直接输入一边距墙端头距离,或通过"Tab"键切换输入。

②精确布置。

当门窗紧邻柱等构件时,考虑其上过梁与旁边墙、柱扣减关系,需要对这些门窗精确定位。

③绘制门窗。

同地下一层。

2)输出结果

汇总计算,统计本层门窗的工程量,如图 3.4.31 所示。

	序号	编码	项目名称	单位	工程量
1			实体项目		
2	1	010101002001	挖一般土方	m3	10562.2584
7	2	010401004001	多孔砖墙	m3	3.5507
12	3	010501001001	垫层	m3	112.4239
17	4	010501004001	满堂基础	m3	555.0093
22	5	010503002001	矩形梁	m3	0.384
27	6	010504001001	直形墙	m3	228.7479
182	7	010505001001	有梁板	m3	1.0773
187	8	010505001002	有梁板	m3	5.0313
194	9	010802001001	金属(塑钢)门	樘	3.15
199	10	010807001001	金属(塑钢、断桥)窗	樘	5.13
204			措施项目		
205	1	011702001001	基础	m2	70.9
210	2	011702014001	有梁板	m2	35.6649

图 3.4.31

3)练习题

根据《北城丽景》施工图,完成项目首层门窗、构造柱的绘制。

4)总结拓展

构造柱可按实际情况自动生成但须确定生成中所选条件是否符合工程项目。

3.4.7 首层楼梯及梯梁工程量计算

1)首层楼梯及梯梁操作演示

(1)图纸分析

楼梯:分析结构施工图 G-38、建筑施工图 JS-14、13 可以找到楼梯的钢筋信息以及尺寸信息,如图 3.4.32、图 3.4.33 所示。

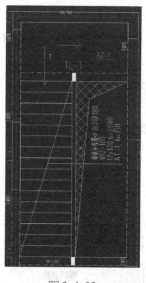

图 3.4.32

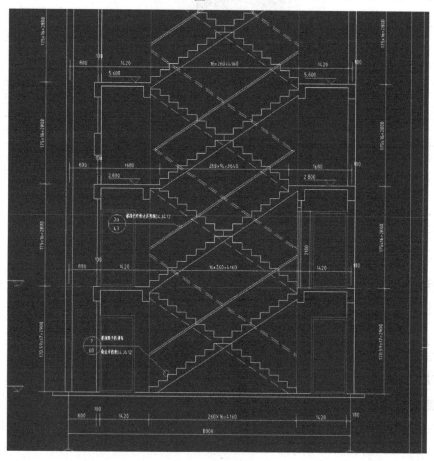

图 3.4.33

（2）楼梯的定义

新建楼梯,本案例中首层为直行楼梯,以本图纸楼梯进行讲解。在导航栏中选择"楼梯"
→"直行梯段"→"新建"→"直行梯段",输入对应属性信息,如图 3.4.34 所示。

图 3.4.34

(3)做法套用

本案例做法套用,如图 3.4.35 所示。

图 3.4.35

(4)楼梯绘制

选择直线绘制,如图 3.4.36 所示。

【注意】

右侧梯段可采用镜像功能快速绘制。

(5)梯梁绘制

选择直线绘制方法同梁绘制。

2)输出结果

同地下一层。

表格输入法计算楼梯梯板钢筋量同地下一层。

3)练习题

根据《北城丽景》施工图,完成项目首层楼梯及梯梁的绘制。

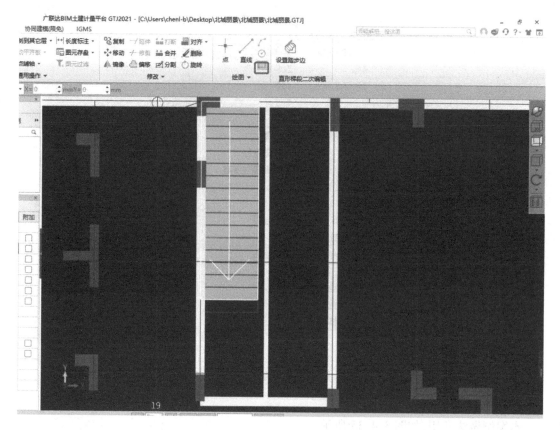

图 3.4.36

任务 3.5 二～三层建模及工程量输出

通过本任务的学习,你将能够:

(1)完成层间复制图元的方法;

(2)掌握修改构件图元的方法。

3.5.1 二～三层柱工程量计算

1)二～三层柱操作演示

(1)图纸分析

①分析柱:分析结构施工图 G-09 发现二～三层柱构件中钢筋信息一致。

②分析梁:分析结构施工图 G-17、G-18 发现二～三层梁构件中信息一致没有差别。

③分析板:分析结构施工图 G-16 发现二～三层板构件中信息一致没有差别。

④分析墙:分析结构说明及建筑施工图 JS-02 发现二～三层墙体中,混凝土墙体不同楼层的混凝土强度不同,但由于在前期楼层设置中集中设置过,所以此处无影响。

⑤分析门窗:分析建筑施工图 JS-04 发现各楼层门窗构件一致。

(2) 各楼层构件绘制

复制图元到其他层。在首层中单击"批量选择"选择所需要复制的构件单击"确定"后，单击"复制到其他层"楼层选择二～三层，单击"确定"按钮，弹出"图元复制成功"提示框，如图 3.5.1、图 3.5.2 所示。

图 3.5.1

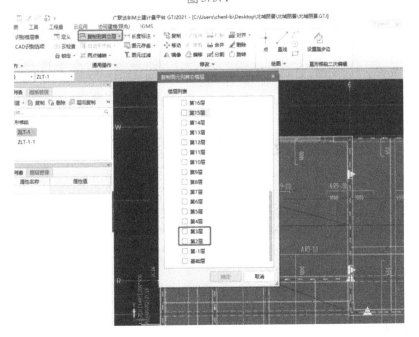

图 3.5.2

图 3.5.3

2）输出结果

完成二～三层各构件绘制后单击"工程量"页签下的云检查，检查无误后进行汇总计算（或按"F9"），系统弹出汇总计算对话框，选择二～三层，如图 3.5.4 所示。

图 3.5.4

3）练习题

根据《北城丽景》施工图，完成项目二～三层柱的绘制。

任务 3.6 四层建模及工程量输出

通过本任务的学习，你将能够：

（1）完成四层柱、墙、板梁、门窗、楼梯等构件定义及绘制；

（2）掌握暗柱、连梁等在 GTJ2021 中的处理方法。

3.6.1 四层柱工程量计算

1）四层柱操作演示

（1）图纸分析

分析柱：分析结构施工图 G-11、G-12 查看四层柱构件的种类、尺寸信息及钢筋信息。

（2）四层柱构件的定义及绘制。

①参数化柱定义（以四层构造边缘转角柱 GJZ-1 为例）。

a. 在导航栏中单击"新建参数化柱"，根据结构施工图 G-12 信息在弹出的"参数化图形"对话框中，设置截面类型与具体尺寸，如图 3.6.1 所示。

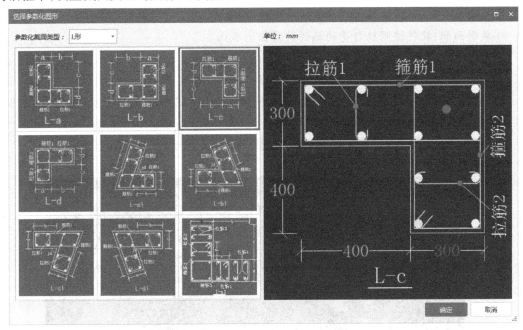

图 3.6.1

b. 参数化柱属性定义，如图 3.6.2 所示。

属性列表			
	属性名称	属性值	附加
1	名称	GJZ-1	
2	截面形状	L-c形 ⋯	☐
3	结构类别	暗柱	☐
4	定额类别	普通柱	☐
5	截面宽度(B边)(...	500	☐
6	截面高度(H边)(...	400	☐
7	全部纵筋	10Φ14	☐
8	材质	自拌混凝土	☐
9	混凝土类型	(特细砂塑性混...	☐
10	混凝土强度等级	(C50)	☐
11	混凝土外加剂	(无)	☐
12	泵送类型	(混凝土泵)	☐
13	泵送高度(m)		
14	截面面积(m²)	0.14	☐
15	截面周长(m)	1.8	☐
16	顶标高(m)	层顶标高	☐
17	底标高(m)	层底标高	☐
18	备注		☐
19	⊞ 钢筋业务属性		
33	⊞ 土建业务属性		
39	⊞ 显示样式		

图 3.6.2

【注意】

①截面形状:可以单击当前框中的 3 点按钮,在弹出的"选择参数化图形"对话框中进行再次编辑。

②截面宽度(B)边:柱截面外接矩形的宽度。

③截面高度(H)边:柱截面外接矩形的高度。

④截面面积:软件按照柱自身的属性计算出的截面积。

⑤截面周长:软件按照柱自身的属性计算出的截面周长。

②异形柱定义(以四层构造边缘转角柱 GJZ-2 为例)。

a. 在导航栏中单击"新建异形柱",根据结构施工图 G-12 信息在弹出的"异形截面编辑器"中绘制线式异形截面,单击确定后编辑属性,如图 3.6.3 所示。

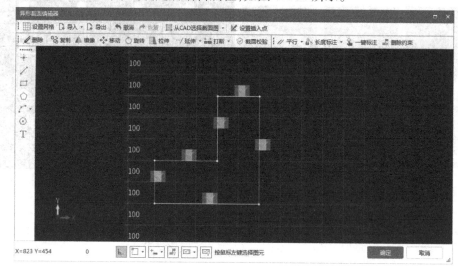

图 3.6.3

b. 形柱的属性定义,如图 3.6.4 所示。

	属性名称	属性值	附加
2	截面形状	L-b形	☐
3	结构类别	暗柱	☐
4	定额类别	普通柱	☐
5	截面宽度(B边)(...	500	☐
6	截面高度(H边)(...	500	☐
7	全部纵筋	12Φ14	☐
8	材质	自拌混凝土	☐
9	混凝土类型	(特细砂塑性混凝土(坍落度3...	☐
10	混凝土强度等级	(C50)	☐
11	混凝土外加剂	(无)	
12	泵送类型	(混凝土泵)	
13	泵送高度(m)		
14	截面面积(m²)	0.16	☐
15	截面周长(m)	2	☐
16	顶标高(m)	层顶标高	☐
17	底标高(m)	层底标高	☐
18	备注		☐
19	⊞ 钢筋业务属性		
33	⊞ 土建业务属性		
39	⊟ 显示样式		

图 3.6.4

【注意】

①截面形状：可以单击当前框中的 3 点按钮，在弹出的"选择参数化图形"对话框中进行再次编辑。

②截面宽度(B)边：柱截面外接矩形的宽度。

③截面高度(H)边：柱截面外接矩形的高度。

④截面面积：软件按照柱自身的属性计算出的截面积。

⑤截面周长：软件按照柱自身的属性计算出的截面周长。

③做法套用。

构件定义好后，需要进行套用做法操作，主要目的是按照计算规则汇总计算得出做法工程量，方便进行同类项汇总。套做法共有三种方式分别是手动添加清单定额、查询清单定额库添加、查询匹配清单定额库添加。

单击"定义"，在对话框中单击构件做法，可通过查询清单库形式添加清单，GJZ-1 混凝土清单项目编码为 010504001，完善后三位编码，GJZ-1 模板清单项目编码为 011702011，完善后 3 位编码；通过查询定额库可以添加定额，正确选择添加即可操作完成清单，GJZ-1 做法套用，如图 3.6.5 所示。

	编码	类别	名称	项目特征	单位	工程量表达式	表达式说明
1	─ 010504001	项	直形墙		m3		
2	AE0049	定	直形墙 厚度200mm以内 商品砼		m3		
3	AE0117	定	砼泵输送砼 输送泵车排除量(m3/h)60		m3		
4	─ 011702011	项	直形墙		m2		
5	AE0152	定	现浇混凝土模板 直形墙		m2		
6	AE0175	定	构件超高模板 高度超过3.6m每超过1m 墙		m2		

图 3.6.5

④柱的绘制。

完成柱定义后，单击"绘图"按钮，切换到绘图界面。

a. 点绘制：通过构件列表选择对应柱，捕捉到轴网对应交点，按"F3"键转换 GJZ-1 方向后直接单击鼠标左键，即可完成 GJZ-1 绘制，如图 3.6.6 所示。

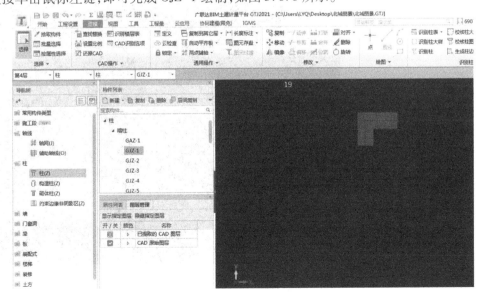

图 3.6.6

b. 偏移绘制:偏移绘制常用于不在轴线交点处的柱,1 轴与 X-W 轴之间的 GAZ-1 不能够直接使用鼠标左键单击绘制,需使用"Shift+鼠标左键"相对于基准点偏移绘制。GAZ-1 中心相对于 1 轴与 X 轴交点向上偏移 500mm,且 GAZ-1 柱方向与实际位置方向偏差 90°,需利用旋转点功能进行绘制,如图 3.6.7、图 3.6.8 所示。

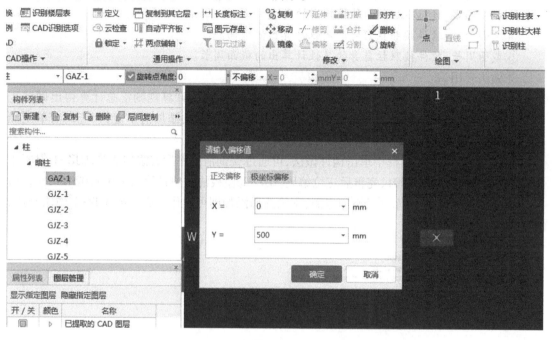

图 3.6.7

图 3.6.8

　　c. 镜像:通过分析图纸发现 1~19 轴与 19~36 轴对称,因此可以使用镜像功能绘制,此处以 GAZ-1 为例,选中后单击"镜像"功能后鼠标左键单击 19 轴轴网上任意两点,提示是否删除原来图元单击否即可完成镜像,如图 3.6.9、图 3.6.10 所示。

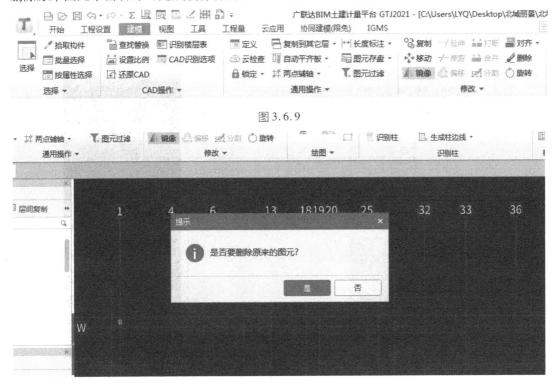

图 3.6.9

图 3.6.10

2)输出结果

　　完成四层柱绘制后单击"工程量"页签下的云检查,检查无误后进行汇总计算(或按"F9"键),系统弹出汇总计算对话框,选择首层下的柱,如图 3.6.11 所示。

图 3.6.11

汇总计算后在"工程量"页签下,可以查看"土建计算"结果,单击查看工程量框选四层柱构件,可查看清单定额工程量,如图 3.6.12 所示;"钢筋计算"结果,如图 3.6.13 所示。

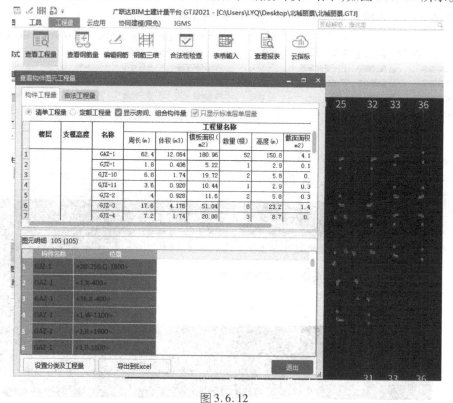

图 3.6.12

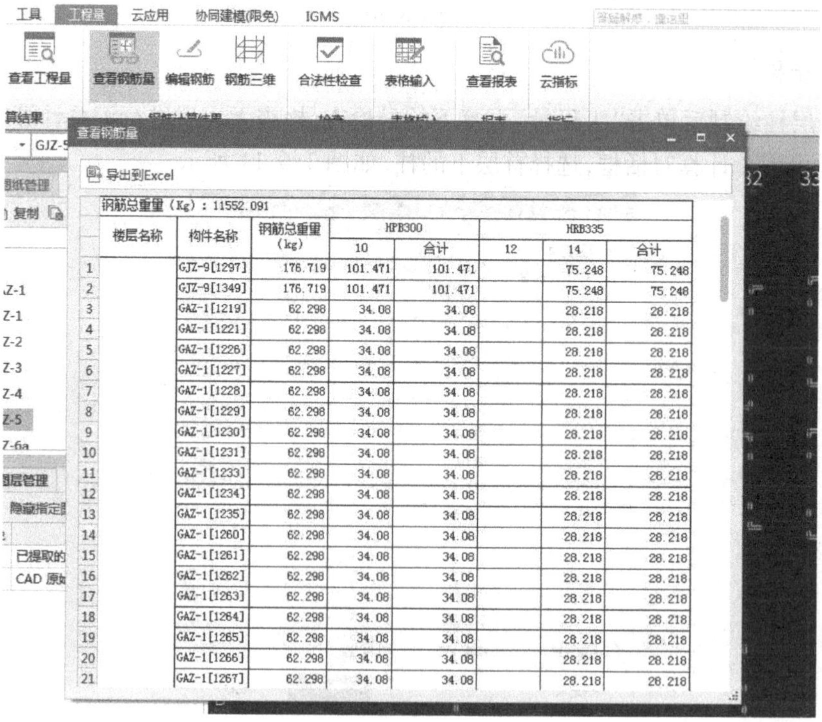

图 3.6.13

3）练习题

根据《北城丽景》施工图，完成项目四层柱的绘制。

4）总结拓展

（1）查改标注

如有相对轴线偏心的支柱，则可以使用"查改标注"功能进行柱的偏心和修改。

①选中图元，切换至"建模"功能界面→"柱二次编辑"，单击"查改标注"来修改偏心，如图 3.6.14 所示。

②回车依次修改绿色字体的标准信息，全部修改后用鼠标左键单击屏幕任意位置即可，右键结束命令，如图 3.6.15 所示。

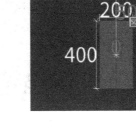

图 3.6.14　　　　　　　　　　图 3.6.15

（2）修改图元名称

如果需要修改已经绘制好的图元名称，并且替换属性的话，可采用以下两种方法。

①鼠标左键选中需要修改的图元，单击鼠标右键，在弹出的对话框中找到"修改图元名称"功能，如图 3.6.16 所示。

图 3.6.16

②通过属性列表修改。选中图元，"属性列表"对话框中会显示图元属性，点开下拉名称列表，选择需要的名称即可，如图 3.6.17 所示。

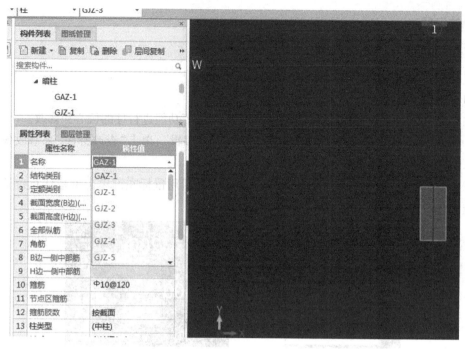

图 3.6.17

(3)构件属性编辑

在编辑构件属性时,属性编辑框中有蓝色和黑色字体,蓝色字体显示的是构件的公有属性,即修改后所有绘制好的同名称构件均修改;黑色字体显示的是构建私有属性,即修改后只更改所选构件。

3.6.2 四层剪力墙工程量计算

1)四层剪力墙操作演示

(1)图纸分析

①分析剪力墙:分析本工程结构施工图 G—11、G—12(说明处)可以得到剪力墙的信息,如图 3.6.18 所示。

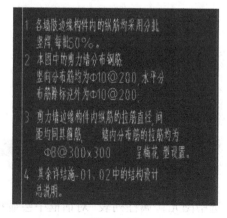

图 3.6.18

②分析连梁：连梁是剪力墙一部分，通过结构施工图 G-38 可得到连梁信息，如图 3.6.19 所示。

图 3.6.19

(2)剪力墙属性定义

①新建剪力墙。

在导航栏中找到"墙"→"剪力墙"，在构件列表中"新建"→"内墙"，如图 3.6.20 所示；在属性列表中对图元进行编辑，如图 3.6.21 所示。

图 3.6.20　　　　　　　　　　　　　　　图 3.6.21

②新建连梁。

在导航栏中选择"梁"→"连梁"，在构件列表中单击"新建"→"新建矩形连梁"，如图 3.6.22 所示；在属性列表中对图元属性进行编辑，如图 3.6.23 所示。

图 3.6.22　　　　　　　　　　　　　　　图 3.6.23

③做法套用。

a. 剪力墙做法套用,如图 3.6.24 所示。

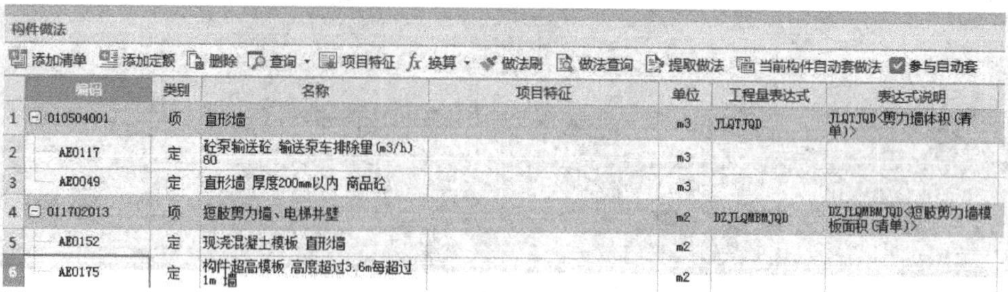

构件做法

添加清单 添加定额 删除 查询 项目特征 换算 做法刷 做法查询 提取做法 当前构件自动套做法 参与自动套

	编码	类别	名称	项目特征	单位	工程量表达式	表达式说明
1	010504001	项	直形墙		m3	JLQTJQD	JLQTJQD<剪力墙体积(清单)>
2	AE0117	定	砼泵输送砼 输送泵车排除量(m3/h) 60		m3		
3	AE0049	定	直形墙 厚度200mm以内 商品砼		m3		
4	011702013	项	短肢剪力墙、电梯井壁		m2	DZJLQMBMJQD	DZJLQMBMJQD<短肢剪力墙模板面积(清单)>
5	AE0152	定	现浇混凝土模板 直形墙		m2		
6	AE0175	定	构件超高模板 高度超过3.6m每超过1m 墙		m2		

图 3.6.24

b. 在剪力墙里连梁是归到剪力墙里的,所以连梁做法套用,如图 3.6.25 所示。

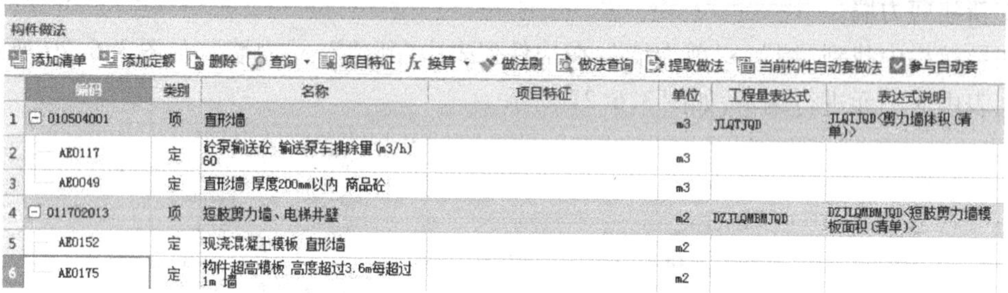

构件做法

添加清单 添加定额 删除 查询 项目特征 换算 做法刷 做法查询 提取做法 当前构件自动套做法 参与自动套

	编码	类别	名称	项目特征	单位	工程量表达式	表达式说明
1	010504001	项	直形墙		m3	JLQTJQD	JLQTJQD<剪力墙体积(清单)>
2	AE0117	定	砼泵输送砼 输送泵车排除量(m3/h) 60		m3		
3	AE0049	定	直形墙 厚度200mm以内 商品砼		m3		
4	011702013	项	短肢剪力墙、电梯井壁		m2	DZJLQMBMJQD	DZJLQMBMJQD<短肢剪力墙模板面积(清单)>
5	AE0152	定	现浇混凝土模板 直形墙		m2		
6	AE0175	定	构件超高模板 高度超过3.6m每超过1m 墙		m2		

图 3.6.25

④剪力墙的绘制。

直线绘制。在导航栏中选择"墙"→"剪力墙",在构件列表中切换想要绘制的构件(以 JLQ-1 为例),根据结构施工图 G-11 完成剪力墙绘制。

⑤连梁的绘制。

连梁定义完毕之后,切换至绘图截面同样采用"直线"方法进行绘制,根据结构施工图 G-38 完成连梁绘制。

2)输出结果

完成绘制后,单击"汇总计算"或按"F9"键完成汇总计算,再选择查看报表,单击"设置报表范围",选择四层剪力墙、连梁、暗柱后查看清单工程量,如图 3.6.26 所示;钢筋工程量,如图 3.6.27 所示。

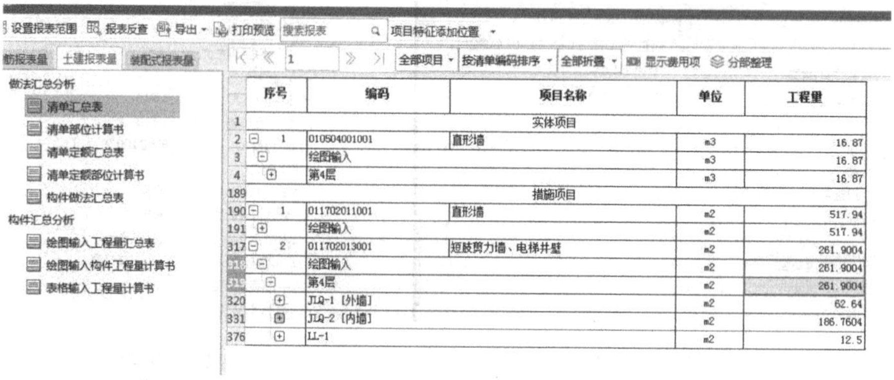

	序号	编码	项目名称	单位	工程量
1	实体项目				
2	1	010504001001	直形墙	m3	16.87
3		绘图输入		m3	16.87
4		第4层		m3	16.87
189	措施项目				
190	1	011702011001	直形墙	m2	517.94
191		绘图输入		m2	517.94
317	2	011702013001	短肢剪力墙、电梯井壁	m2	261.9004
318		绘图输入		m2	261.9004
319		第4层		m2	261.9004
320		JLQ-1 [外墙]		m2	62.64
331		JLQ-2 [内墙]		m2	186.7604
376		LL-1		m2	12.5

图 3.6.26

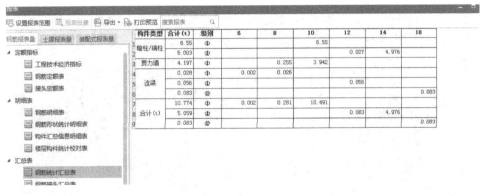

构件类型	合计(t)	级别	6	8	10	12	14	18
1	暗柱/端柱	6.55	Φ			6.55			
2		5.003	Φ				0.027	4.976	
3	剪力墙	4.197	Φ		0.255	3.942			
4		0.028	φ	0.002	0.026				
5	连梁	0.056	Φ				0.056		
6		0.083	Φ						0.083
7		10.774	Φ	0.002	0.281	10.491			
8	合计(t)	5.059	Φ				0.083	4.976	
9		0.083	Φ						0.083

图 3.6.27

3) 练习题

根据《北城丽景》施工图,完成项目四层剪力墙的绘制。

4) 总结拓展

在属性编辑框中,勾选后方"附加",方便对所定义的构件进行查看和区分。

3.6.3 四层梁工程量计算

1) 四层梁操作演示

(1) 图纸分析

分析梁:分析结构施工图 G-23、G-24,分别从下至上、从左到右,本层有框架梁和非框架梁两种,如图 3.6.28、图 3.6.29 所示。

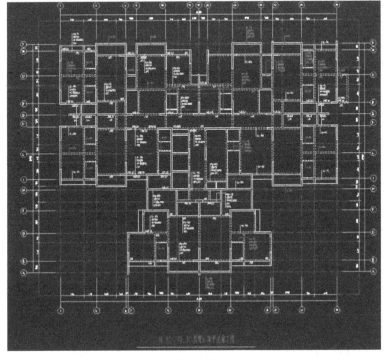

图 3.6.28

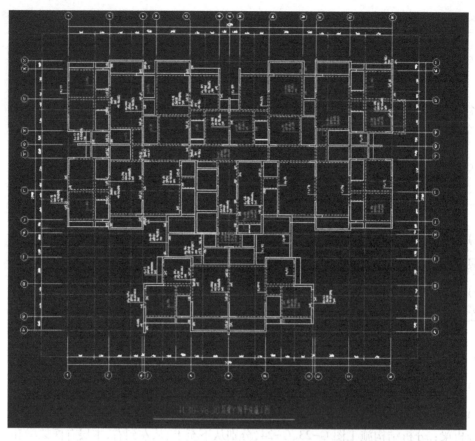

图 3.6.29

（2）梁的属性定义

①框架梁：在导航栏中单击"梁"→"梁"，在构件列表中单击"新建"→"新建矩形梁"，结合结构施工图 G-23 中的信息新建矩形梁 KLx-1(1)，在属性列表中输入相应属性值，如图 3.6.30、图 3.6.31 所示。

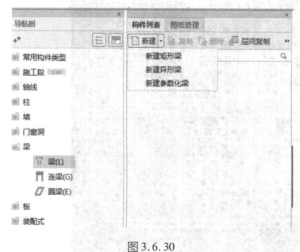

	属性名称	属性值	附加
1	名称	KLx-1	
2	结构类别	楼层框架梁	☐
3	跨数量		☐
4	截面宽度(mm)	200	☐
5	截面高度(mm)	500	☐
6	轴线距梁左边…	(100)	☐
7	箍筋	Φ8@100/200(2…	☐
8	胶数	2	☐
9	上部通长筋	2Φ16	☐
10	下部通长筋		☐
11	侧面构造或受…		☐
12	拉筋		☐
13	定额类别	有梁板	☐
14	材质	自拌混凝土	☐
15	混凝土类型	(特细砂塑性混…	☐

图 3.6.30   图 3.6.31

②非框架梁：非框架梁的属性定义与框架梁相同，区别在于，非框架梁在定义时需把属性中"结构类别"改成"非框架梁"，如图 3.6.32 所示。

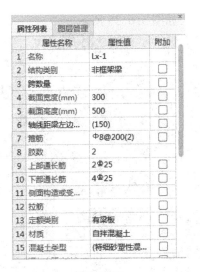

图 3.6.32

(3)做法套用

梁定义好后,在"定义中"选择"构件做法",单击"添加清单",添加混凝土有梁板清单项 010505001 和有梁板模板清单 011702014;在混凝土模板清单下添加定额 AE0073,在有梁板下添加定额 AE0157、AE0174;单击项目特征可根据实际项目情况添加。

KLx-1(1)的做法套用,如图 3.6.33 所示。

	编码	类别	名称	项目特征	单位	工程量表达式	表达式说明
1	⊟ 010505001	项	有梁板		m3	TJ	TJ<体积>
2	AE0073	定	有梁板 商品砼		m3		
3	AE0117	定	砼泵输送砼 输送泵车排除量(m3/h) 60		m3		
4	⊟ 011702014	项	有梁板		m2	MBMJ	MBMJ<模板面积>
5	AE0157	定	现浇混凝土模板 有梁板		m2		
6	AE0176	定	构件超高模板 高度超过3.6m每超过 1m 板		m2		

图 3.6.33

Lx-1(1)的做法套用,如图 3.6.34 所示。

	编码	类别	名称	项目特征	单位	工程量表达式	表达式说明
1	⊟ 010505001	项	有梁板		m3	TJ	TJ<体积>
2	AE0073	定	有梁板 商品砼		m3		
3	AE0117	定	砼泵输送砼 输送泵车排除量(m3/h) 60		m3		
4	⊟ 011702014	项	有梁板		m2	MBMJ	MBMJ<模板面积>
5	AE0157	定	现浇混凝土模板 有梁板		m2		
6	AE0176	定	构件超高模板 高度超过3.6m每超过 1m 板		m2		

图 3.6.34

(4)梁的绘制

绘制梁的顺序为先主梁后次梁。一般情况下按先上后下、先左后右的方向进行绘制,以确保绘制无遗漏。

①直线绘制。

梁属于线性构件,直线梁用"直线"绘制,在绘图界面,单击"直线",再选择梁的起点和终点,起点终点选择轴网交点即可,如图 3.6.35 所示。

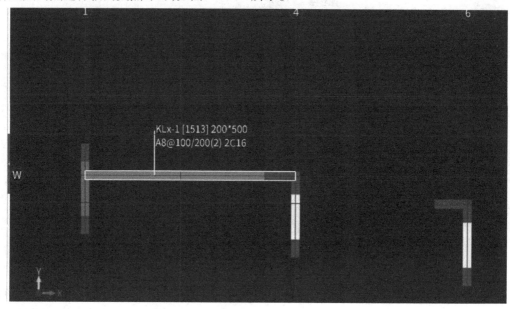

图 3.6.35

②偏心梁绘制。

如遇梁柱为对齐或存在偏心梁绘制时,可采用"Shift+左键"的方法偏移,也可使用"对齐"功能。

a."Shift+左键":按住"Shift"后找到轴网捕捉点单击鼠标左键弹出对话框后输入偏移值后进行绘制,如图 3.6.36 所示。

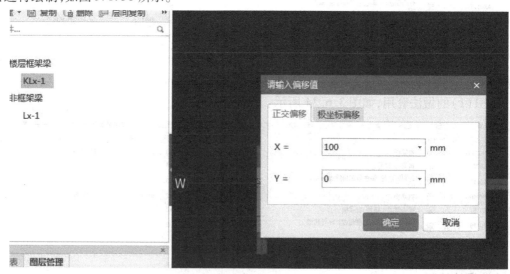

图 3.6.36

b."对齐"绘制:找到上方功能栏中"修改"后单击"对齐"根据提示选择要对齐的边线,再选择构件需要对其的边线完成绘制,如图 3.6.37 所示。

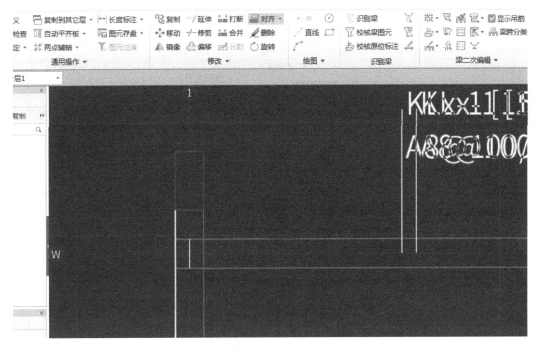

图 3.6.37

③镜像绘制梁图元。

当部分轴网上布置的梁构件与部分轴网上梁构件对称,则可采用"镜像"绘制图元。操作方法同柱构件镜像。

④分层绘制。

在遇到绘制梯梁时,会出现同一位置不同标高的梁构件,此时可运用软件中分层绘制功能处理,切换不同层后直接绘制即可,绘制方式不变,如图 3.6.38 所示。

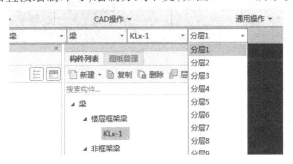

图 3.6.38

(5)梁的二次编辑

①原位标注。

梁绘制完后仅仅是对梁的集中标注进行了输入,还需要进行原位标注的输入。由于梁是以柱和墙为支座,提取梁跨和原位标注前,需要绘制好所有的支座。图中梁显示为粉色时,标识还没有进行原位标注和梁跨提取,无法对梁进行正确的钢筋计算。

在 GTJ2021 中,可通过三种方式提取梁跨:一是使用"原位标注";二是使用"重提梁跨";三是使用"设置支座"功能,如图 3.6.39 所示。

图 3.6.39

对于没有原位标注的梁,可通过提取梁跨把梁的颜色变为绿色。

有原位标注的梁,可通过输入原位标注把梁变成绿色。

软件中梁分为粉色和绿色,目的在于提醒哪些梁已进行了原位标注的输入,便于检查,防止遗漏影响计算结果。

a.原位标注。梁的原位标注主要有支座钢筋、跨中钢筋、下部钢筋、架立筋和次梁筋,另外变截面的梁也需要在原位标注中输入。下面以 KLx-1(1)为例,讲解梁原位标注。

(a)在"梁二次编辑"中选择"原位标注"。

(b)选择要输入原位标注的 KLx-1(1),绘图区域显示原位标注输入框,下方显示平发表格。

(c)对应输入钢筋信息,有两种方式:一是在绘图区显示的原位标注输入框中输入,比较直观如图 3.6.40 所示。

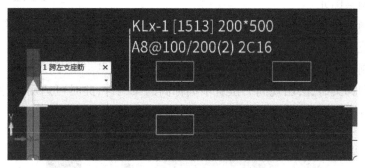

图 3.6.40

二是在"梁平法表格"中输入,如图 3.6.41 所示。

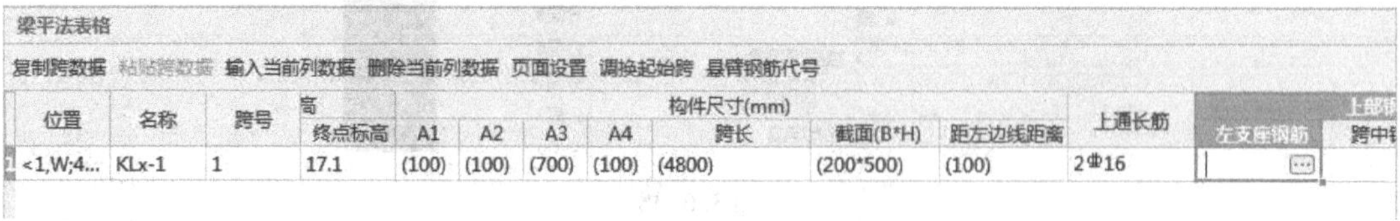

位置	名称	跨号	高	构件尺寸(mm)								上部长筋	上部钢筋	
			终点标高	A1	A2	A3	A4	跨长	截面(B*H)	距左边线距离			左支座钢筋	跨中钢筋
<1,W;4...	KLx-1	1	17.1	(100)	(100)	(700)	(100)	(4800)	(200*500)	(100)	2Φ16			

梁平法表格

复制跨数据 粘贴跨数据 输入当前列数据 删除当前列数据 页面设置 调换起始跨 悬臂钢筋代号

图 3.6.41

绘图区输入:按照图纸标注原位标注信息输入,如图 3.6.42 所示。

b.重提梁跨。

(a)在"梁二次编辑"中选择"重提梁跨",如图 3.6.43 所示。

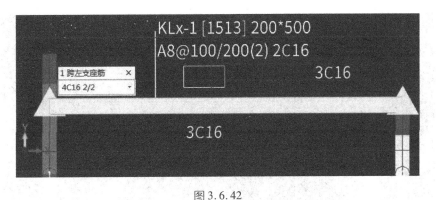

图 3.6.42

图 3.6.43

(b)在绘图区域中选择梁图元即可。

c.设置支座。

(a)在"梁二次编辑"分组中选择"设置支座",如图 3.6.44 所示。

图 3.6.44

(b)左键选择需要设置支座的梁,如 KLx-1,如图 3.6.45 所示。

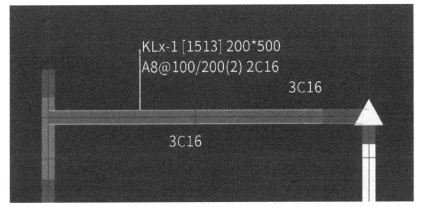

图 3.6.45

(c)左键单选或拉框选择作为支座的图元,右键确定,如图 3.6.46 所示。

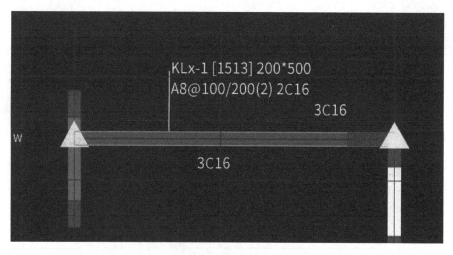

图 3.6.46

（d）如支座设置错误，在设置支座下方可选择删除支座，如图 3.6.47 所示。

图 3.6.47

②梁标注快速复制。

分析结构施工图 G-23 可以发现图中有很多同名梁。这时，我们不需要对每道梁都进行原位标注，直接可以使用软件中的几个复制功能，快速进行原位标注。

a.梁跨数据复制。工程中不同名称的梁，梁跨的原位标注相同，通过此功能可以快速把选中梁跨复制到目标梁跨上去。

第一步：在"梁二次编辑"中选择"梁跨数据复制"，如图 3.6.48 所示。

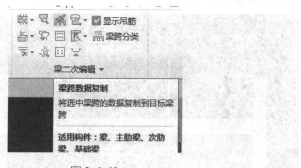

图 3.6.48

第二步：选择需要复制的梁跨，单击右键确定，需要复制的梁跨选中后为红色，如图 3.6.49 所示。

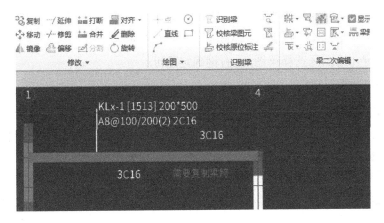

图 3.6.49

第三步:选择目标梁跨,选中为黄色显示,单击右键确认即可,如图 3.6.50 所示。

图 3.6.50

b. 应用到同名梁。如果图纸存在多个同名梁,且原位标注完全一致,就可以使用该功能快速实现原位标注。

第一步:在"梁二次编辑"中选择"应用到同名梁",如图 3.6.51 所示。

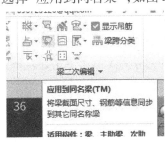

图 3.6.51

第二步:选择应用方法,软件提供了三种选择,如图 3.6.52 所示。

图 3.6.52

同名称未提取梁跨梁:未识别的浅红色颜色的梁。

同名称已提取梁跨梁:已识别梁跨且为绿色,但原位标注未输入。

所有同名梁:是指不考虑梁是否已识别。

第三步:左键在绘图区选择梁图元,右键确定即可。

2)输出结果

(1)查看梁钢筋工程量计算结果

前面的部分没有涉及构件的钢筋计算结果查看,主要是因为竖向构件在上下层绘制时,无法正确计算搭接和锚固,对于这两类水平构件,本层相关预案回执完毕,就可以正确计算钢筋量,并查看结果。

①通过"编辑钢筋"查看每根钢筋详细情况:选择"钢筋计算结果"面板下的"编辑钢筋"即可查看,如图 3.6.53 所示。

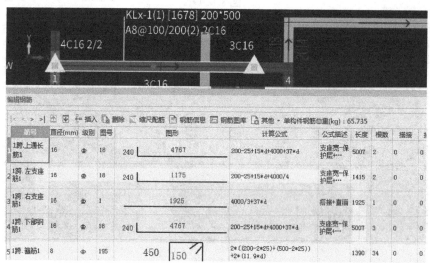

图 3.6.53

②通过"查看钢筋量"来查看计算结果:选择钢筋量菜单下的"查看钢筋量",或者在工具中选择"查看钢筋量"命令,选择所要查看的图元即可,如图 3.6.54 所示。

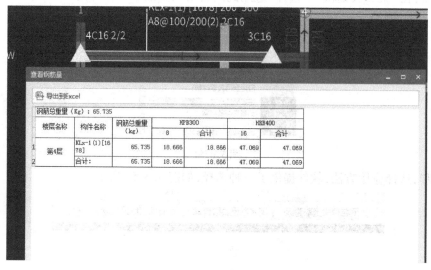

图 3.6.54

（2）查看土建工程量计算结果

切换至"工程量"单击土建计算结果"查看工程量"即可，如图 3.6.55 所示。

查看构件图元工程量

构件工程量 | 做法工程量

○ 清单工程量 ○ 定额工程量 ☑ 显示房间、组合构件量 ☑ 只显示标准层单层量

楼层	支模高度	名称	坡度	土建汇总类别	体积(m3)	模板面积(m2)	超高模板面积(m2)	截面周长(m)	梁净长(m)	轴线长度(m)	梁侧面积(m2)	截面面积(m2)	截面高度(m)	截面宽度(m)	侧面模板面积(m2)	超高侧面模板面积(m2)
第4层	≤ 3.6	KLx-1 (1)	0	梁	0.41	4.82	0	1.4	4	4.1	3.8	0.1	0.5	0.2	4.1	0
				小计	0.41	4.82	0	1.4	4	4.1	3.8	0.1	0.5	0.2	4.1	0
			小计		0.41	4.82	0	1.4	4	4.1	3.8	0.1	0.5	0.2	4.1	0
		小计			0.41	4.82	0	1.4	4	4.1	3.8	0.1	0.5	0.2	4.1	0
	小计				0.41	4.82	0	1.4	4	4.1	3.8	0.1	0.5	0.2	4.1	0
合计					0.41	4.82	0	1.4	4	4.1	3.8	0.1	0.5	0.2	4.1	0

图 3.6.55

3）练习题

根据《北城丽景》施工图，完成项目四层梁的绘制。

4）总结拓展

①梁整体绘制流程为：定义→绘制→输入原位标注（提取梁跨）的流程进行，整体绘制顺序可先横向再纵向，先框架梁再次梁，以免出现遗漏。

②一般一道梁绘制完成后就可以进行原位标注，如果出现与其他梁相交，或存在次梁的情况，则需先绘制相关的梁，再进行原位标注。

③在选择原位标注时，如平法表格中填写原位标注则在绘图区域中不会在原位标注框显示。

④如同一名称梁在图纸上有两种截面尺寸时，软件不能定义同名称构件，因此在定义时需重新加标记定义。

3.6.4 四层板工程量计算

1）四层板操作演示

（1）图纸分析

分析板：分析结构施工图 G-22，可查看板的厚度、钢筋信息及局部板标高，进行板图分析时，须注意以下内容：

①图纸说明、厚度说明、配筋说明。

②板标高。

③板的分类，相同位置板。

④受力筋、板负筋类型，跨板受力筋位置、钢筋位置以及尺寸标注原则。

（2）板的属性定义和绘制

①板属性定义。

在导航栏中选择"板"→"现浇板"，在构件列表中单击"新建"→"新建现浇板"。以①—④轴与 X-U 轴所围区域的板为例，由于图中区域未标注板信息，所以板厚按说明中"未标注

板厚均为 100 mm"来设置,新建后如图 3.6.56 所示。

图 3.6.56

②板的做法套用。

板构件定义好后,需要进行做法套用,单击"定义",在对话框中单击"构件做法",可通过查询清单库形式添加清单,添加混凝土有梁板清单项 010505001 和有梁板模板清单011702014;在混凝土有梁板下添加定额 AE0073,在有梁板模板下添加定额 AE0157,AE0176;根据项目实际情况添加项目特征即可,如图 3.6.57 所示。

	编码	类别	名称	项目特征	单位	工程量表达式	表达式说明
1	⊟ 010505001	项	有梁板		m3	TJ	TJ<体积>
2	AE0073	定	有梁板 商品砼		m3		
3	⊟ 011702014	项	有梁板		m2	MBMJ	MBMJ<底面模板面积>
4	AE0157	定	现浇混凝土模板 有梁板		m2		
5	AE0176	定	构件超高模板 高度超过3.6m每超过1m 板		m2		

图 3.6.57

(3)板的绘制

①点绘制板。

以 B-100 为例,定义好楼板属性后,单击"点画",在板区域单击鼠标左键即可(如板标高非层顶标高可在属性中设置标高即可),如图 3.6.58 所示。

②直线绘制。

以 B-100 为例,定义好属性后,单击"直线",左键单击 B-100 边界的相交点,围成封闭区域即可布置,如图 3.6.59 所示。

③矩形绘制。

如图 3.6.60 所示的区域没有封闭,可采用"矩形"绘制,单击矩形选择板图元的两个对角点绘制即可(如板标高非层顶标高需在属性设置中修改标高)。

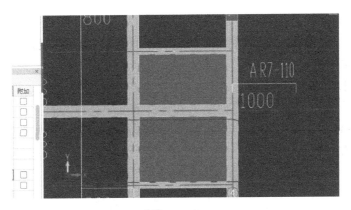

图 3.6.58

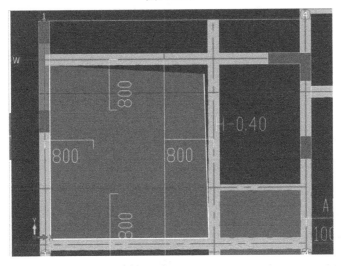

图 3.6.59

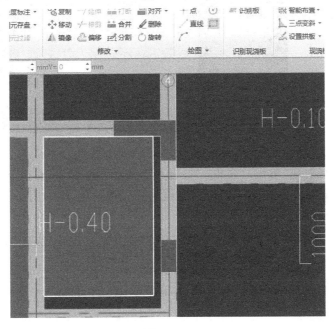

图 3.6.60

④自动生成板。

当板下的梁、墙绘制完毕,且图中板类别较少时可使用自动布置板,软件能自动根据梁和墙围成的封闭区域布置整层的板。

(4)板受力筋属性定义及绘制

①在导航栏中选择"板"→"板受力筋",在构件列表中选择"新建"→"新建板受力筋",以①—④轴与 X–U 轴所围区域的板为例,通过图纸说明在对应范围内受力筋信息为 ΦR7@180,且均为双向布置,完成属性定义如图 3.6.61 所示(软件中输入 L7–180)。

图 3.6.61

②板受力筋绘制。

选中"构件列表"中新建好的受力筋,在板二次编辑中单击"布置受力筋",如图 3.6.62 所示。

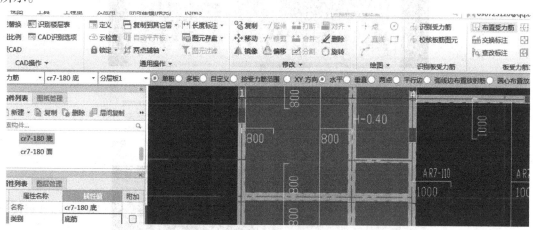

图 3.6.62

按布置范围选择对应"单板""多板""自定义""按受力范围"布置;按布置方向有"XY 方向""水平""垂直"布置;"两点""平行边""弧线边布置放射筋"以及"圆心布置放射筋"布置范围,如图 3.6.63 所示。

图 3.6.63

因为①—④轴与 X–U 轴所围区域均为 B-100,采用"XY 方向"XY 向布置进行绘制,选中"XY 方向"→"XY 向布置"→"选择钢筋信息"→左键选择板→点选参照轴网布置即可,如图 3.6.64 所示。

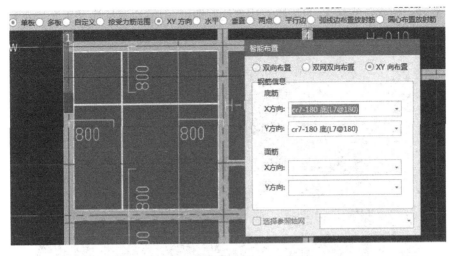

图 3.6.64

③跨板受力筋。

因本层无跨板受力筋,故不进行新建及绘制,其新建绘制方法类似板受力筋。

(5)负筋的定义及绘制

①下面以此处负筋为例,如图3.6.65所示。

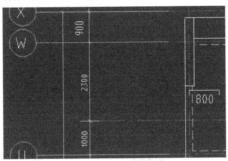

图 3.6.65

a.负筋定义:进入"板"→"板负筋",在构件列表新建"板负筋"FJ180-L7@180定义板负筋属性,如图3.6.66所示。

	属性名称	属性值	附加
1	名称	FJ-180	
2	钢筋信息	ϕ^R7@180	☐
3	左标注(mm)	800	☐
4	右标注(mm)	0	☐
5	马凳筋排数	1/1	☐
6	单边标注位置	(支座内边线)	☐
7	左弯折(mm)	(0)	☐
8	右弯折(mm)	(0)	☐
9	分布钢筋	(ϕ^R7@250)	☐
10	备注		☐
11	⊞ 钢筋业务属性		
19	⊞ 显示样式		

图 3.6.66

b. 如遇双边均有负筋标注,只需将双边都绘制即可,但需注意标注是否含支座宽,我们可以从结构施工图 G-22 查看,如图 3.6.67 所示。

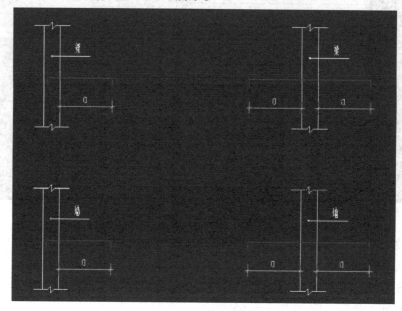

图 3.6.67

②负筋绘制。

负筋定义完毕后对①-④轴与 X-U 轴所围区域的板进行负筋布置。

对于该区域中负筋布置,单击"板负筋布置"面板上的"布置负筋",如图 3.6.68 所示;选项栏会出现如图 3.6.69 所示布置方式,选择按梁布置即可。

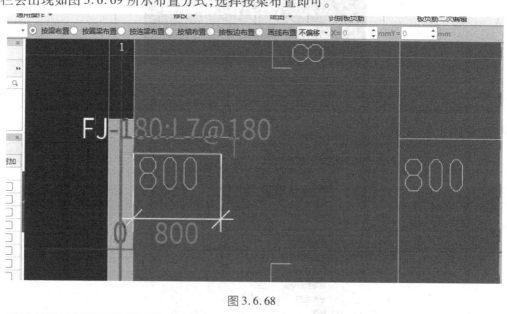

图 3.6.68

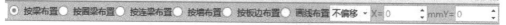

图 3.6.69

2）输出结果

①根据上述普通楼板 B-100 的定义方法，完成本层剩余板的定义。

②板构件绘制方式完成整层楼板绘制，如图 3.6.70 所示。

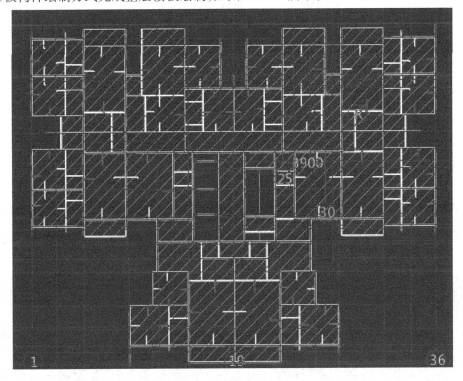

图 3.6.70

③汇总计算完成板的工程量统计。

3）练习题

根据《北城丽景》施工图，完成项目四层板的绘制。

4）总结拓展

①板标高与层顶不一致时，可在属性中进行修改。

②利用镜像功能可快速复制板构件。

③当遇到负筋布置出现方向错误时，不用删除，可用板受力筋二次编辑中"交换标注"功能快速修改，如图 3.6.71 所示。

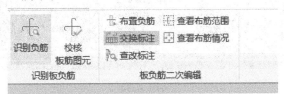

图 3.6.71

④当遇到板钢筋布置密集想查看，或者板钢筋布置不上提示布置位置重叠时，在板受力筋二次编辑中找到"查看布筋范围"进行查看，如图 3.6.72 所示。

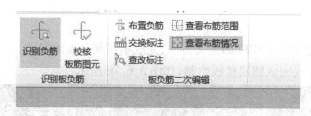

图 3.6.72

3.6.5 四层砌体结构(砌体墙)工程量计算

1)四层砌体结构(砌体墙)操作演示

(1)图纸分析

分析砌体墙,通过分析建筑设计说明可以得到填充墙厚度信息,如图 3.6.73 所示;通过分析建筑施工图 JS-04 可以查看填充墙平面位置,如图 3.6.74 所示。

3. 室内隔墙分别为100/200厚 烧结页岩多孔砌块砌体 ,布置详各层平面图。

图 3.6.73

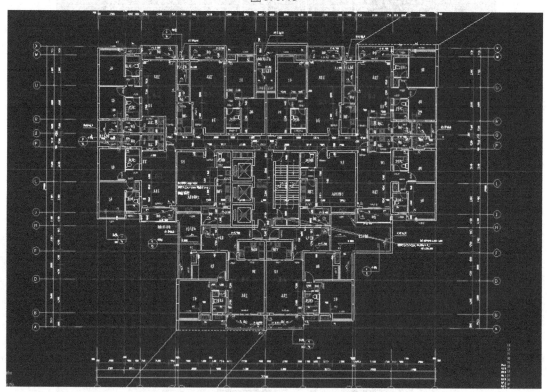

图 3.6.74

(2)砌块墙属性定义

新建砌体墙的方式可以参照剪力墙,此处不过多赘述。新建过程中注意内外墙区分,内外墙设置除了对自身工程量有影响,还影响部分其他构件的智能布置。这里根据工程实际情况对标高进行定义即可,如图 3.6.75、图 3.6.76 所示。

图 3.6.75　　　　　　　　　　图 3.6.76

(3)做法套用

砌块墙做法套用,如图 3.6.77 所示。

编码	类别	名称	项目特征	单位	工程量表达式	表达式说明
1	⊟ 010401004	项	多孔砖墙		m3	TJ	TJ〈体积〉
2	AD0062	定	页岩空心砖墙 水泥砂浆 干混商品砂浆		m3		

图 3.6.77

(4)填充墙绘制

①直线绘制:与剪力墙类似。

②点加长度绘制:单击"直线"绘制功能,再选择"点加长度",在点加长长度处输入对应加长尺寸后找到对应起始点绘制即可,如图 3.6.78 所示。

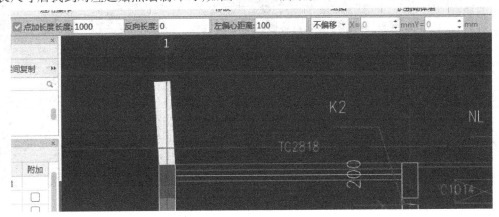

图 3.6.78

③偏移绘制:类似剪力墙。

2)输出结果

①完成本层砌体墙绘制。

②汇总计算,统计本层填充墙工程量,并在报表中查看。

3)练习题

根据《北城丽景》施工图,完成项目四层砌体结构(砌体墙)的绘制。

4)总结拓展

软件对内外墙定义的规定:软件为方便内外墙区分以及平整场地进行外墙轴线的智能布置,需要进行内外墙区分。

3.6.6 四层门窗、构造柱等工程量计算

1)四层门窗、构造柱操作演示

(1)图纸分析

分析建筑施工图 JS-17,通过门窗统计表我们可以查看本项目中所有的门窗构件,如图3.6.79 所示。

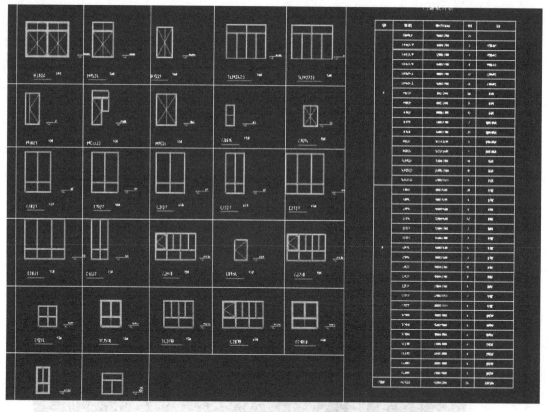

图 3.6.79

(2)构件属性定义

①门的属性定义。

在导航栏中选择"门窗洞"→"门"。在构件列表中选择"新建"→"新建矩形门",结合门窗表在属性编辑框中输入相应属性,此处以 M0721 为例,如图 3.6.80 所示。

图 3.6.80

②门做法套用。

根据门窗表套取对应门做法,如图 3.6.81 所示。

	编码	类别	名称	项目特征	单位	工程量表达式	表达式说明
1	⊟ 010801001	项	木质门		樘	DKMJ	DKMJ<洞口面积>
2	AH0004	定	胶合板门制作 框断面52cm2 全板		m2		
3	AH0018	定	镶板、胶合板门安装		m2		

图 3.6.81

③窗属性定义。

在导航栏中选"门窗洞"→"窗",单击"定义",在构件列表中选"新建"→"新建矩形门窗",新建矩形窗 C1014,根据门窗表得知以下属性信息,如图 3.6.82、图 3.6.83 所示。

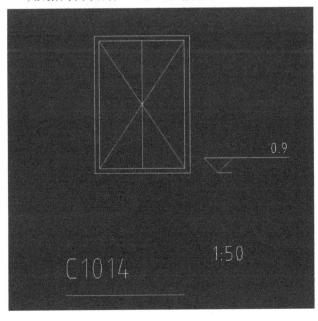

图 3.6.82

图 3.6.83

④窗的属性值及做法套用。

窗的属性值及做法套用,如图 3.6.84 所示。

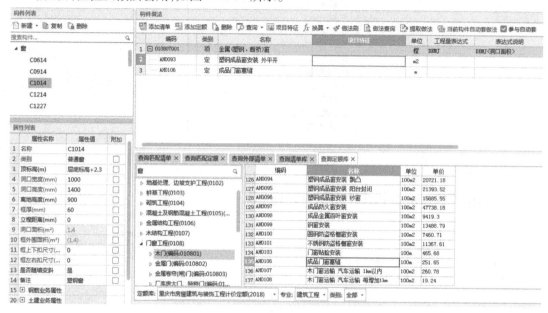

图 3.6.84

其余门窗属性及做法套用:方法同上,完成剩余门窗定义及做法套用即可。

（3）构造柱属性定义

构造柱属性定义及做法:通过结构设计说明图 24 处可知,构造柱尺寸及配筋信息。

（4）门窗洞口及构造柱的绘制

门窗洞构件属于墙的附属构件,也就是说门窗洞构件必须绘制在墙上。

①点画法。

门窗最常用的就是"点"绘制,对于计算来说,一段墙扣减门窗面积,只要门窗绘制在墙上即可,一般对位置要求不是很精确,所以直接采用点绘制即可。绘制时,软件默认开启动态输入数值框,可直接输入一边距墙端头距离,或通过"Tab"键切换输入。

②精确布置。

当门窗紧邻柱等构件时,考虑其上过梁与旁边墙、柱扣减关系,需要对这些门窗精确定位。

③绘制门。

a.智能布置:墙段中点,如图 3.6.85 所示。

图 3.6.85

b. 精确布置:左键选择参考点后输入偏移值:150,如图 3.6.86 所示。

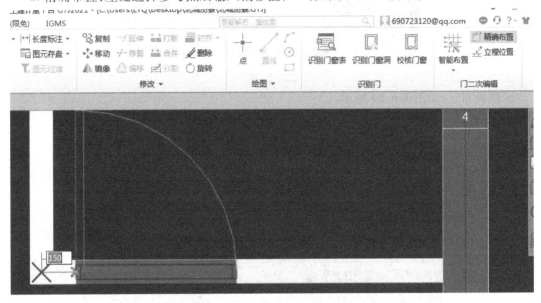

图 3.6.86

c. 复制粘贴,如图 3.6.87 所示。

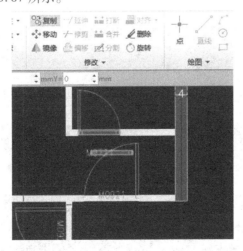

图 3.6.87

d. 镜像:操作同柱等点式构件。

④窗绘制。

a. 点绘制:如图 3.6.88 所示。

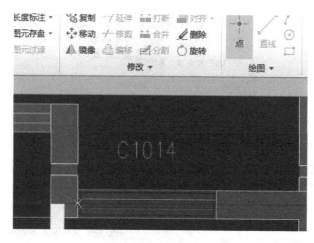

图 3.6.88

b. 精确布置:如图 3.6.89 所示。

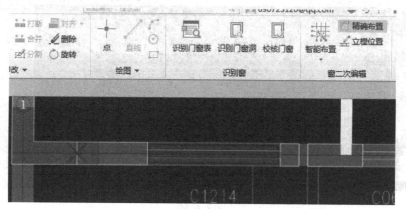

图 3.6.89

c. 长度标注:检查布置位置是否正确,如图 3.6.90 所示。

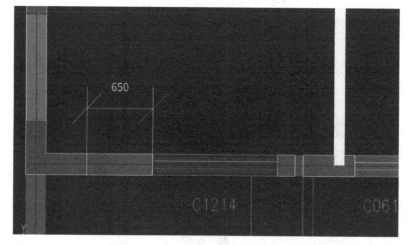

图 3.6.90

d. 镜像:略。

⑤构造柱绘制:构造柱可采用智能布置快速生成,如图 3.6.91 所示。

图 3.6.91

2) 输出结果

汇总计算,统计本层门窗的工程量,如图 3.6.92 所示。

楼层	名称	洞口面积(m2)	框外围面积(m2)	数量(樘)	洞口三面长度(m)	洞口宽度(m)	洞口高度(m)	洞口周长(m)
第4层	FDM1021	21	21	10	52	10	21	62
	FM1021-乙	8.4	8.4	4	20.8	4	8.4	24.8
	FM1521-乙	9.45	9.45	3	17.1	4.5	6.3	21.6
	MO721	20.58	20.58	14	68.6	9.8	29.4	78.4
	MO821	3.36	3.36	2	10	1.6	4.2	11.6
	MO921	32.13	32.13	17	86.7	15.3	35.7	102
	M1521	6.3	6.3	2	11.4	3	4.2	14.4
	TLM1521	18.9	18.9	6	34.2	9	12.6	43.2
	TLM2423	22.08	22.08	4	28	9.6	9.2	37.6
	TLM2723	18.63	18.63	3	21.9	8.1	6.9	30
	小计	160.83	160.83	65	350.7	74.9	137.9	425.6
合计		160.83	160.83	65	350.7	74.9	137.9	425.6

图 3.6.92

3) 练习题

根据《北城丽景》施工图,完成项目四层门窗、构造柱的绘制。

4) 总结拓展

构造柱可按实际情况自动生成,但须确定生成中所选条件是否符合工程项目。

3.6.7 四层楼梯及梯梁工程量计算

1)四层楼梯及梯梁操作演示

(1)图纸分析

楼梯:分析结构施工图 G-38、建筑施工图 JS-14 可以找到楼梯的钢筋信息以及尺寸信息,如图3.6.93、图3.6.94 所示。

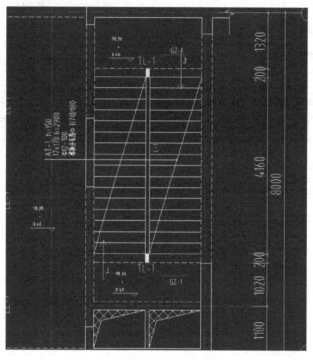

图3.6.93

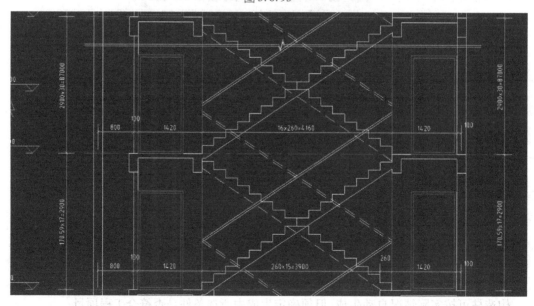

图3.6.94

(2)楼梯的定义

新建楼梯,本案例中四层为直行楼梯,以本图纸楼梯进行讲解。在导航栏中选择"楼梯"→"直行梯段"→"新建"→"直行梯段",输入对应属性信息,如图 3.6.95 所示。

图 3.6.95

(3)做法套用

本案例做法套用,如图 3.6.96 所示。

	编码	类别	名称	项目特征	单位	工程量表达式	表达式说明
1	⊟ 010506001	项	直形楼梯		m2		
2	AE0093	定	直形楼梯 商品砼		m2		
3	⊟ 011702024	项	楼梯		m2	TYMJ	TYMJ〈投影面积〉
4	AE0167	定	现浇混凝土模板 楼梯 直形		m2		

图 3.6.96

(4)楼梯绘制

选择直线绘制,如图 3.6.97、图 3.6.98 所示。

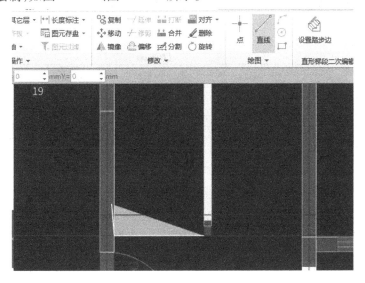

图 3.6.97

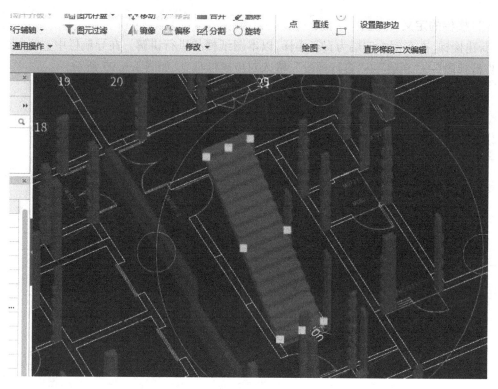

图 3.6.98

【注意】

右侧梯段可采用镜像功能快速绘制。

(5)梯梁绘制

选择直线绘制方法同梁绘制。

2)输出结果

①汇总计算楼梯土建工程量,如图 3.6.99 所示。

			查看构件图元工程量									

构件工程量 做法工程量

◉ 清单工程量 ○ 定额工程量 ☑ 显示房间、组合构件量 ☑ 只显示标准层单层量

	楼层	混凝土强度等级	名称	工程量名称								
				投影面积(m2)	底部面积(m2)	体积(m3)	侧面面积(m2)	踏步立面面积(m2)	踏步平面面积(m2)	踏步数(个)	矩形梯段单边斜长(m)	梯形梯段左斜长(m)	梯形梯段右斜长(m)
1	第4层	C30	ZLT-1	10.075	12.929	2.8524	0.1163	7.2504	10.075	34	10.3432	10.3432	10.3432
2			小计	10.075	12.929	2.8524	0.1163	7.2504	10.075	34	10.3432	10.3432	10.3432
3		小计		10.075	12.929	2.8524	0.1163	7.2504	10.075	34	10.3432	10.3432	10.3432
4		合计		10.075	12.929	2.8524	0.1163	7.2504	10.075	34	10.3432	10.3432	10.3432

图 3.6.99

②表格输入法计算楼梯梯板钢筋量。

单击"工程量"页签下的"表格输入"→"构件"→"参数输入"→"A—E 楼梯"→"AT 型楼梯",然后按照图纸信息输入楼梯钢筋信息即可,如图 3.6.100 所示。

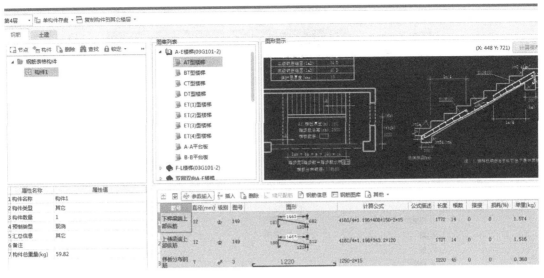

图 3.6.100

3）练习题

根据《北城丽景》施工图，完成项目四层楼梯及梯梁的绘制。

任务 3.7　五～三十三层建模及工程量输出

通过本任务的学习，你将能够：

（1）掌握层间复制图元的方法；

（2）掌握修改构件图元的方法。

3.7.1　五～三十三层柱工程量计算

1）五～三十三层柱操作演示

（1）图纸分析

①分析柱：分析结构施工图 G-12 发现五～三十三层柱构件中不同标高各构件之间存在钢筋信息不同。

②分析梁：分析结构施工图 G-23、G-24 发现五～三十三层梁构件中信息一致没有差别。

③分析板：分析结构施工图 G-22 发现五～三十三层板构件中信息一致没有差别。

④分析墙：分析结构说明及建筑施工图 JS-04 发现五～三十三层墙体中，混凝土墙体不同楼层的混凝土强度不同，但由于在前期楼层设置中集中设置过，所以此处无影响。

⑤分析门窗：分析建筑施工图 JS-04 发现各楼层门窗构件一致。

（2）各楼层构件绘制

复制图元到其他层。在四层中单击"批量选择"选择所需要复制的构件单击"确定"后，单击"复制到其他层"楼层选择五～三十三层，单击"确定"按钮，弹出"图元复制成功"提示框，如图 3.7.1 至图 3.7.3 所示。

图 3.7.1

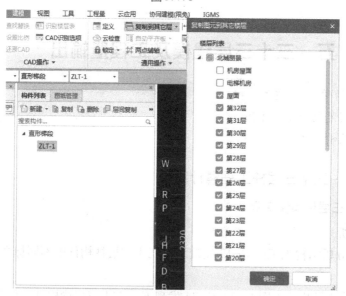

图 3.7.2

图 3.7.3

(3)构件修改

复制完成后的构件可按照绘制顺序进行修改,由于通过分析发现只有主构件需要修改钢筋信息,修改信息可见结构施工图 G-12,此处以柱 GAZ-1 为例。

第一步:切换楼层至五层(14.2 m),批量选择柱 GAZ-1 单击"确定",如图 3.7.4 所示(如仅修改公有属性,可直接在构件列表中选中修改)。

图 3.7.4

第二步:修改柱属性信息,如图 3.7.5 所示。

	属性名称	属性值
1	名称	GAZ-1
2	结构类别	暗柱
3	定额类别	普通柱
4	截面宽度(B边)(...	400
5	截面高度(H边)(...	200
6	全部纵筋	6Φ12
7	角筋	
8	B边一侧中部筋	
9	H边一侧中部筋	
10	箍筋	Φ10@140
11	节点区箍筋	
12	箍筋肢数	按截面
13	柱类型	(中柱)
14	材质	自拌混凝土
15	混凝土类型	(特细砂塑性混凝土(坍...

图 3.7.5

第三步:选中柱 GAZ-1,单击"构件列表"中的"层间复制"功能,选择"复制到其他楼层"后,检查选中构件是否是需要复制的构件,正确无误后单击"确定",如图 3.7.6 所示。

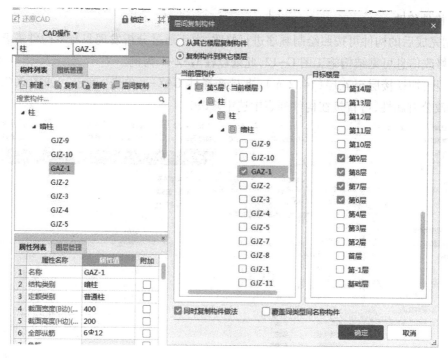

图 3.7.6

【注意】

如构件私有属性有变化的话在使用构件列表中"层间复制"功能时,完成复制后仅能修改目标楼层的该构件的公有属性,私有属性需要选中目标层中构件单独修改。

2)输出结果

完成五~三十三层各构件绘制后单击"工程量"页签下的云检查,检查无误后进行汇总计算(或按"F9"键),弹出汇总计算对话框,选择五~三十三层,如图 3.7.7 所示。

图 3.7.7

3)练习题

根据《北城丽景》施工图,完成五~三十三层各构件的绘制。

任务 3.8　屋面层建模及工程量输出

通过本任务的学习,你将能够:

(1)巩固层间复制图元的方法;

(2)掌握屋面框架梁的定义和绘制;

(3)掌握女儿墙、压顶、屋面的绘制。

3.8.1　屋面层工程量计算

1)屋面层操作演示

(1)图纸分析

①分析女儿墙及压顶:分析建筑施工图 JS-05、JS-15 中节点 12,女儿墙厚度为 120 mm,女儿墙高 1 540 mm,压顶宽 200 mm,高 60 mm。

②分析屋面:屋面卷边高度未注明,按定额默认高度 250 mm 设定。

③分析机房构件:分析结构施工图 G-39 及建筑施工图 JS-06 确定机房处柱、梁、板、墙、门窗等构件信息。

(2)属性定义

①女儿墙属性定义:女儿墙属性定义同墙,新建时命名为女儿墙,其属性如图 3.8.1 所示。

	属性名称	属性值	附加
1	名称	女儿墙	
2	厚度(mm)	120	☐
3	轴线距左墙皮...	(60)	☐
4	砌体通长筋		☐
5	横向短筋		☐
6	材质	标准砖	☐
7	砂浆类型	(混合砂浆)	☐
8	砂浆标号	(M5)	☐
9	内/外墙标志	(外墙)	☑
10	类别	砌体墙	☐
11	起点顶标高(m)	层底标高+1.54	☐
12	终点顶标高(m)	层底标高+1.54	☐
13	起点底标高(m)	层底标高	☐
14	终点底标高(m)	层底标高	☐
15	备注		☐

图 3.8.1

②屋面属性定义:在导航栏中找到"其他"→"屋面",在构件列表中单击"新建"→"新建屋面",输入相应属性即可,如图 3.8.2 所示。

图 3.8.2

③女儿墙压顶属性定义:在导航栏中找到"其他"→"压顶",在构件列表中单击"新建"→"新建矩形压顶",输入相应属性即可,如图 3.8.3 所示。

图 3.8.3

(3)做法套用

①女儿墙做法套用,如图 3.8.4 所示。

	编码	类别	名称	项目特征	单位	工程量表达式	表达式说明
1	⊟ 010401003	项	实心砖墙		m3	TJ	TJ<体积>
2	AD0033	定	200砖墙 水泥砂浆 干混商品砂浆		m3		

图 3.8.4

②女儿墙压顶做法,如图 3.8.5 所示。

	编号	类别	名称	项目特征	单位	工程量表达式	表达式说明
1	□ 010507005	项	扶手、压顶		m	CD	CD<长度>
2	AE0110	定	零星构件 商品砼		m3		
3	AE0117	定	砼泵输送砼 输送泵车排除量(m3/h) 60		m3		
4	□ 011702025	项	其他现浇构件		m2		
5	AE0172	定	现浇混凝土模板 零星构件		m3		

图 3.8.5

(4) 图元绘制

①直线绘制女儿墙,机房:女儿墙采用直线绘制即可,方法同墙,如图 3.8.6 所示。

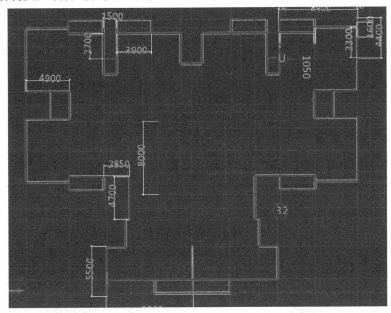

图 3.8.6

采用点与直线功能绘制机房柱、梁、板、门,如图 3.8.7 所示。

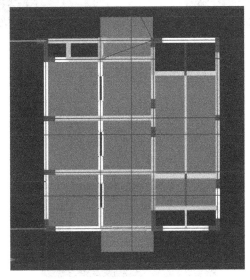

图 3.8.7

②绘制压顶：采用"智能布置"，选择"墙中心线布置"，批量选择女儿墙，单击鼠标右键即可完成绘制，如图 3.8.8 所示。

图 3.8.8

③屋面绘制。

采用"点"功能绘制，如图 3.8.9 所示。

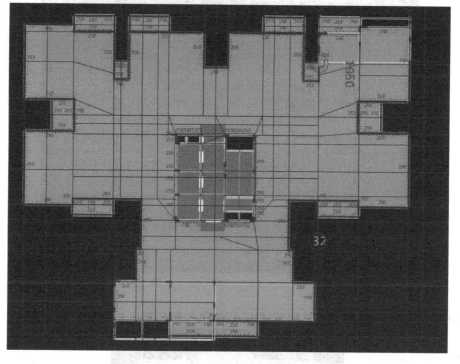

图 3.8.9

单击"设置屋面防水卷边"，鼠标左键单击要设置的屋面，右键确认输入"250"，单击确定即可，如图 3.8.10 所示。

图 3.8.10

2) 输出结果

女儿墙外边线同外墙外边线,如女儿墙尺寸与外墙不同,绘制后需手动对齐。

【注意】

机房层至机房屋面层绘制方法类似,故不过多赘述。

3) 练习题

根据《北城丽景》施工图,完成项目屋面层构件的绘制。

任务 3.9　室内外装修建模及工程量输出

通过本任务的学习,你将能够:

(1)定义楼地面、天棚、墙面、踢脚、吊顶;

(2)在房间中添加依附构件;

(3)统计各层的装修工程量。

3.9.1　首层装修工程量计算

1) 首层装修操作演示

(1) 图纸分析

分析建施 JS-01 及 JS-02 的室内装修做法,首层共有 9 种装修类型的房间:物业办公室、入口大堂、消防控制室、小会议室、工具间、卫生间六、走廊、楼梯间、入口大厅;装修做法有水泥砂浆楼地面、地砖地面、防滑地砖地面、水泥砂浆喷涂墙面、水泥砂浆踢脚、水泥砂浆喷涂顶棚。

(2) 装修构件的属性定义及做法套用

①楼地面的属性定义。

单击导航树中的"装修"→"楼地面",在构件列表中选择"新建"→"新建楼地面",在属性编辑框中输入相应的属性值,如有房间需要计算防水,要在"是否计算防水"选择"是",如图3.9.1 至图 3.9.3 所示。

图 3.9.1

图 3.9.2

图 3.9.3

②踢脚的属性定义。

新建踢脚线的属性定义,如图 3.9.4 所示。

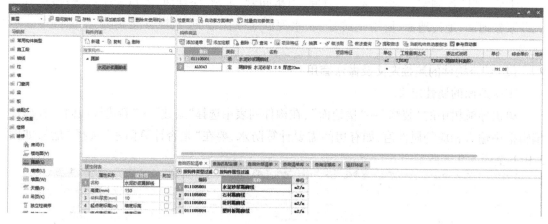

图 3.9.4

③内墙面的属性定义。

新建内墙面构件的属性定义,如图 3.9.5 所示。

图 3.9.5

④天棚的属性定义。

天棚构件的属性定义,如图 3.9.6 所示。

图 3.9.6

⑤房间的属性定义。

通过"添加依附构件",建立房间中的装修构件,这里以物业办公室为例,如图 3.9.7 所示。

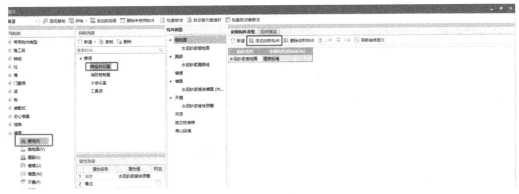

图 3.9.7

(3)房间的绘制

点画。按照 JS-02 中的房间名称,选择软件中建立好的房间,在需要布置装修的房间单击一下,房间中的装修即自动布置上去。绘制好的房间用三维查看效果,如图 3.9.8 所示。

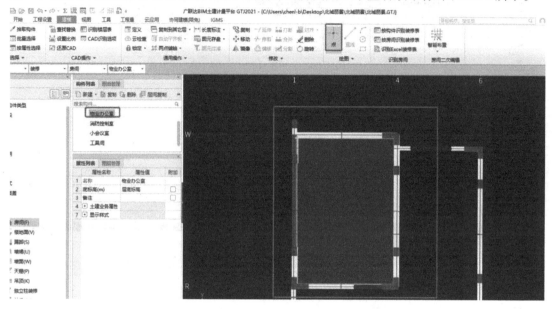

图 3.9.8

2)输出结果

按照上述房间装修布置的方式,完成首层其余房间的装修工程量,并汇总计算,统计各层装修工程量,如图 3.9.9 所示。

737	12	011101001001	水泥砂浆楼地面	m2	30.3983
742	13	011105001001	水泥砂浆踢脚线	m2	3.2151
753	14	011201001001	墙面一般抹灰	m2	66.1128
764	15	011301001001	天棚抹灰	m2	34.6171

图 3.9.9

3)练习题

根据《北城丽景》施工图,完成项目首层装修的绘制。

4)总结拓展

在绘制房间图元时,要保证房间必须是封闭的。如果不封闭,可以使用虚墙进行分割。

3.9.2 其他层装修工程量计算

1)其他层装修操作演示

由建施 JS-01 装修做法的描述以及其余楼层的建筑平面图,其余楼层的装修做法和首层基本一致,可以把首层构件复制到其他楼层,然后重新组合房间即可。

2)输出结果

汇总计算,输出各楼层装修工程量。

3)练习题

根据《北城丽景》施工图,完成项目其他层装修的绘制。

练习题

1.根据提供案例图纸,在软件中绘制以下轴网。(阶段中的工程信息、楼层信息、计算规则、比重设置、弯钩设置、弯曲调整值设置、损耗设置,均不需做任何修改)

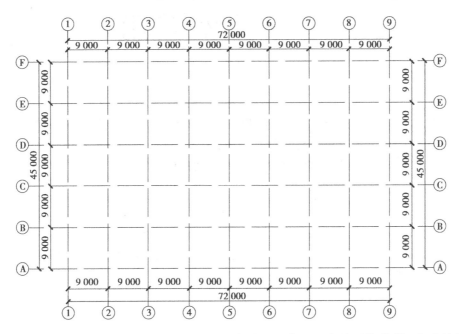

2.完成图示中首层柱的定义及绘制。(作答任务:识读图纸中首层柱构件,完成首层柱构件,包括钢筋、土建的定义及绘制)图纸:详见老师发布。

作答要求:1)绘制范围明确:仅绘制首层框架柱即可,梯柱、构造柱及非框架柱均不在计算范围;2)阶段中的工程信息、楼层信息、计算规则、比重设置、弯钩设置、弯曲调整值设置、损耗设置,均不需做任何修改。

3.完成图示中首层框架梁的定义及绘制。(作答任务:识读 2 题图纸中首层框架梁构件,完成首层框架梁构件,包括钢筋、土建的定义及绘制)

4.完成图示中首层结构板的定义及绘制。(作答任务:识读 2 题图纸中首层结构板构件,完成首层结构板构件,包括钢筋、土建的定义及绘制)

学习情景 4　工程造价 BIM 软件的计价应用

　　工程计价是指按照规定的程序、方法和依据,对工程造价及其构成内容进行估计或确定的行为。工程计价依据是指在工程计价活动中,所要依据的与计价内容、计价方法和价格标准相关的工程计量计价标准、工程计价定额及工程造价信息等。

　　广联达云计价平台 GCCP V6.0 是一款专为建设工程造价领域全价值链客户提供数字化转型解决方案的产品,利用"云+大数据+人工智能技术",进一步提升计价软件的使用体验,通过新技术带来老业务新模式的变化,让每一个工程项目价值更优。

　　目前,广联达云计价平台 GCCP V6.0 主要用于招标人编制招标清单、招标控制价、投标人编制投标报价等。

　　工程量清单是建设工程的分部分项工程项目、措施项目、其他项目、规费项目,税金项目的名称和相应数量等明细清单。

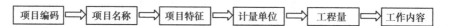

　　招标控制价是根据国家或省级行业建设主管部门颁发的有关计价依据和办法,按设计施工图纸计算的,对招标工程限定的最高工程造价。招标控制价编制方法如下图:

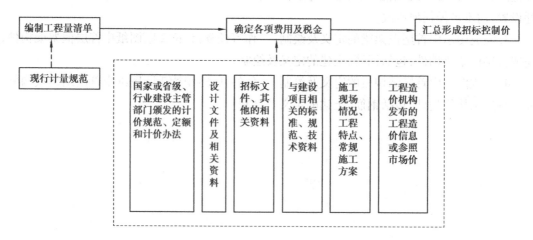

招标限价编制原则:

①中国对国有资金投资项目的投资控制实行的是投资概算审批制度,国有资金投资的工

程原则上不能超过批准的投资概算。因此,在工程招标发包时,当编制的招标控制价超过批准的概算时,招标人应当将其报原概算审批部门重新审核。

②《中华人民共和国招标投标法实施条例》第二十七条规定:招标人可以自行决定是否编制标底。一个招标项目只能有一个标底。标底必须保密。接受委托编制标底的中介机构不得参加受托编制标底项目的投标,也不得为该项目的投标人编制投标文件或者提供咨询。

招标人设有最高投标限价的,应当在招标文件中明确最高投标限价或者最高投标限价的计算方法。招标人不得规定最低投标限价。

③国有资金投资的工程,招标人编制并公布的招标控制价相当于招标人的采购预算,同时要求其不能超过批准的概算,因此,招标控制价是招标人在工程招标时能接受投标人报价的最高限价。

投标报价是指承包商采取投标方式承揽工程项目时,计算和确定的承包该工程的投标总价格。主要依据发包人提供的工程量清单、施工设计图纸,结合工程项目特点、施工现场情况及企业自身的施工技术、装备和管理水平等确定。

投标报价编制原则:

①投标报价由投标人自己确定,但是必须执行《建设工程工程量清单计价规范》的强制性规定。

②投标人的投标报价不得低于工程成本。

③投标人必须按工程量清单填报价格。

④投标报价要以招标文件中设定的承发包双方责任划分,作为设定投标报价费用项目和费用计算的基础。

⑤应该以施工方案、技术措施等作为投标报价计算的基本条件。

⑥报价方法要科学严谨,简明适用。

任务 4.1   新建工程、主要界面介绍

通过本任务的学习,你将能够:

(1)使用广联达云计价平台 GCC PV6.0 软件新建工程;

(2)掌握广联达云计价平台 GCCP V6.0 软件的界面功能。

4.1.1   新建工程操作演示

①双击"广联达云计价平台 GCCP V6.0",进入下列界面,如图 4.1.1 所示。

图 4.1.1

②鼠标左键单击界面左上角的【新建预算】，进入新建工程界面，如图 4.1.2 所示。

图 4.1.2

根据工程信息及计价要求，在图 4.1.2 界面中首先选择地区、项目的类型，类型包括招标项目、投标项目、单位工程等选项。以选择"投标项目"为例，依次对应填写以下信息：

项目名称：按照工程图纸名称输入，保存时作为默认的文件名（以北城丽景为例）。

项目编码：默认。

地区标准：选择项目要求的清单计价。

定额标准：选择项目要求的定额。

单价形式：综合单价、全费用单价二选一。

价格文件：单击浏览，根据项目要求选择。

计税方式：增值税（一般计税法）、增值税（普通计税法）二选一。

税改文件：按行业文件及项目情况选择。

③单击【立即新建】，弹出文件框如图 4.1.3 所示，输入工程信息。

【注意】

每一行信息都需要完善，【确定】按钮才会显示可以单击状态。

④鼠标左键单击【确定】按钮，进入项目信息编辑页面，如图 4.1.4 所示。

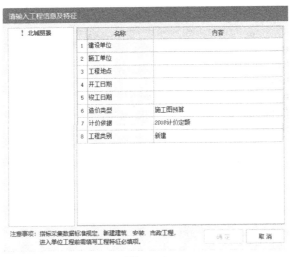

图 4.1.3

	名称	内容
1	□ 基本信息	
2	项目编号	001
3	项目名称	北城丽景
4	标书版本号	
5	**建筑面积(m2)***	
6	建设单位*	甲方
7	建设单位负责人	

图 4.1.4

【注意】

带有"＊"内容必须填写,否则将影响计价。

⑤鼠标左键选中【单位工程】,右键选择【快速新建单位工程】,如图 4.1.5 所示。根据自身工程性质选择对应专业完成新建。以公共建筑工程为例,鼠标左键选中【公共建筑工程】,系统弹出对话框,根据自身工程性质填写,如图 4.1.6 所示。

图 4.1.5

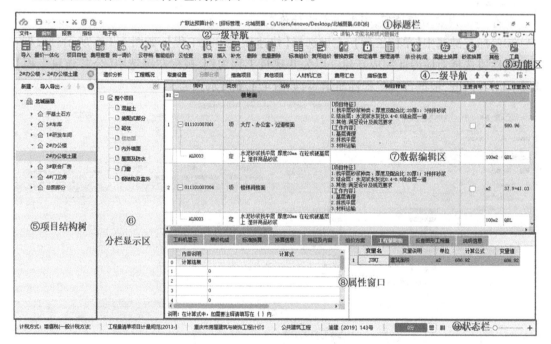

图 4.1.6

【注意】

每一行信息都需要完善,【确定】按钮才会显示可以单击状态。

4.1.2 主要界面介绍

主界面主要有以下几部分组成,如图 4.1.7 所示。

图 4.1.7

①标题栏:包含保存、撤销恢复,剪切复制粘贴和呈现您正在编辑工程的标题名称。

②一级导航:包含文件,编制,报表,指标,电子标及账号、窗口、升级、帮助等。

③功能区:会随着界面的切换,功能区包含的内容不同。

④二级导航:用户在编制过程中需要切换页签完成工作。

⑤项目结构树:左边导航栏可切换到不同的工程界面,同时支持解除锁定项目结构。

⑥分栏显示区:显示整个项目下的分部结构,单击分部实现按分部显示,可关闭此窗口。

⑦数据编辑区:单击不同的"二级导航"页签,出现对应的编辑界面,供用户操作,这部分是用户的主操作区域。

⑧属性窗口:默认泊靠在界面下边垂直排列,可水平排列,可隐藏此窗口。

⑨状态栏:呈现所选的计税方式、清单、定额、专业等信息。

任务 4.2　项目信息填写、取费设置

通过本任务的学习,你将能够:

(1)完成广联达云计价平台 GCCP V6.0 软件的项目信息;

(2)掌握软件的取费设置。

4.2.1　项目信息填写

建立完工程后需要记录项目的相关信息,例如项目的编号、名称、编制时间、建筑面积等,其步骤如下:

①选择项目结构树的项目名称,单击【北城丽景】,然后单击二级导航栏的【项目信息】,即可看到项目信息、造价一览、编制说明等,然后单击【项目信息】,即可看到项目信息列表,如图 4.2.1 所示。

图 4.2.1

【注意】

如是投标项目,有红色字体信息,在导出电子标书时,该部分为必填项。

②鼠标单击【造价一览】,根据项目实际情况,填写列表中信息。如果是一般性施工图预算,不需要设置该部分,如图 4.2.2 所示。

图 4.2.2

③在编制说明区域内,单击"编辑",然后根据工程概况、编制依据等信息编写编制说明,并且可以根据需要对字体、格式等进行调整。

④切换到【编制说明】界面,在编辑区域内,单击"编辑",然后根据工程概况、编制依据等信息编写编制说明,并且可以根据需要对字体、格式等进行调整,如图 4.2.3 所示。

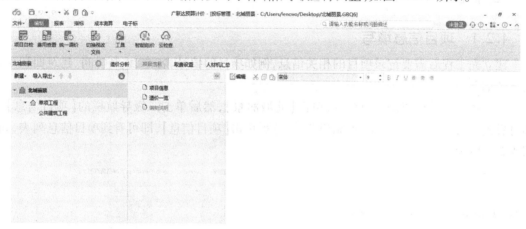

图 4.2.3

4.2.2　取费设置

①一级导航切换到【编制】,鼠标单击到项目节点,二级导航切换到【取费设置】页签,如图 4.2.4 所示。

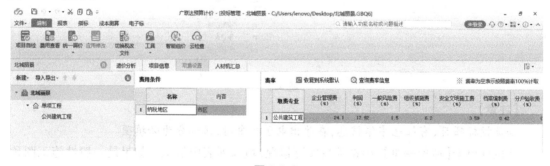

图 4.2.4

②针对项目特点,设置【费用条件】,文件执行依据,对于需要更改的费率做修改。

【注意】

纳税地区要根据项目情况进行选择,否则会影响后面的费率即影响造价。

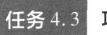

任务 4.3 项目输入

通过本任务的学习,你将能够:

(1)完成项目分部分项工程定额计价;

(2)掌握计价软件的措施项目、其他项目操作。

4.3.1 软件操作

1)分部分项部分软件操作

①一级导航定位在【编制】页签,在项目结构树中选择某个单位工程,单击进入,二级导航切换到【分部分项】,如图 4.3.1 所示。

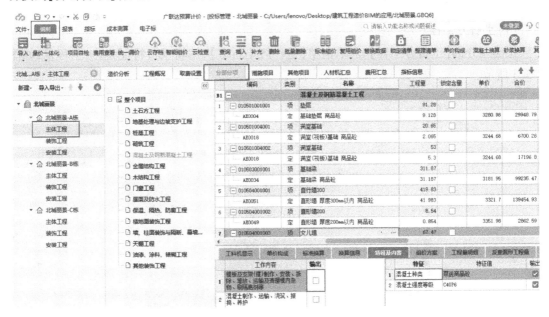

图 4.3.1

②输入清单、定额:光标定位到清单或定额行,双击进行清单定额的套取。

③在【属性窗口】完成清单特征及内容,对于定额需要换算的完成换算,如图 4.3.2 所示。

【注意】

如果是编制招标清单,输入清单项,编制项目特征,输入工程量即可,不需要套取定额;如果是编制招标控制价,清单、定额都需要套取。

编码	类别	名称	工程量	锁定含量	单价	合价	综合单价	综合合
B1 ⊟		混凝土及钢筋混凝土工程		☐				1156216
1 ⊟ 010501001001	项	垫层	91.28	☐			485.37	443
AE0004	定	基础垫层 商品砼	9.128		3280.98	29948.79	4853.69	443
2 ⊟ 010501004001	项	满堂基础	20.65	☐			560.79	115
AE0018	定	满堂(筏板)基础 商品砼	2.065		3244.68	6700.26	5607.89	115
3 ⊟ 010501004002	项	满堂基础	53	☐			570.94	302
AE0018	定	满堂(筏板)基础 商品砼	5.3		3244.68	17196.8	5709.39	302
4 ⊟ 010503001001	项	基础梁	311.87	☐			528.47	1648
AE0034	定	基础梁 商品砼	31.187		3181.95	99235.47	5284.69	1648
5 ⊟ 010504001001	项	直行墙300	419.83	☐			562.52	2361
AE0051	定	直形墙 厚度300mm以内 商品砼	41.983		3321.7	139454.93	5625.17	2361
6 ⊟ 010504001002	项	直行墙200	8.54	☐			565.77	48
AE0049	定	直形墙 厚度200mm以内 商品砼	0.854		3351.98	2862.59	5657.73	4

工料机显示	单价构成	标准换算	换算信息	特征及内容	组价方案	工程量明细	反查图形工程量	说明信息

	换算列表		换算内容			工料机类别
1	后浇带混凝土浇筑 人工*1.2		☐		1	人工
2	采用逆作法施工 人工*1.2		☐		2	材料
3	换商品砼		840201140 商品砼		3	机械
					4	设备

图 4.3.2

2) 分部分项部分操作实务

(1) 土石方工程

① 建立分部【土石方工程】，套取清单【挖一般土石方】，编辑项目特征，输入工程量，如图 4.3.3 所示。

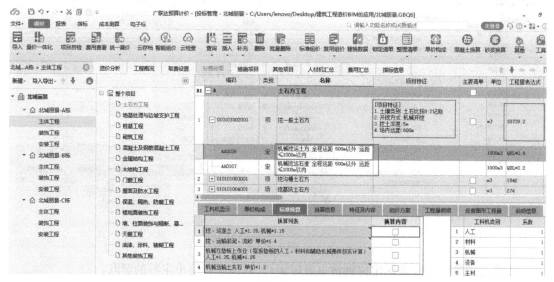

图 4.3.3

② 根据项目特征描述，套取相应定额，并确定是否需要换算。示例不需要换算。

【注意】

凡设计图示槽底宽(不含加宽工作面)在 7 m 以内，且槽底长大于底宽 3 倍以上者，执行沟槽项目；凡长边小于短边 3 倍者，且底面积(不含加宽工作面)在 150 m² 以内，执行基坑定额子目；除上述规定外执行一般土石方定额子目。

（2）地基处理与边坡支护工程

①建立分部【地基处理与边坡支护工程】，套取清单【锚杆（锚索）】，编辑项目特征，输入工程量，如图 4.3.4 所示。

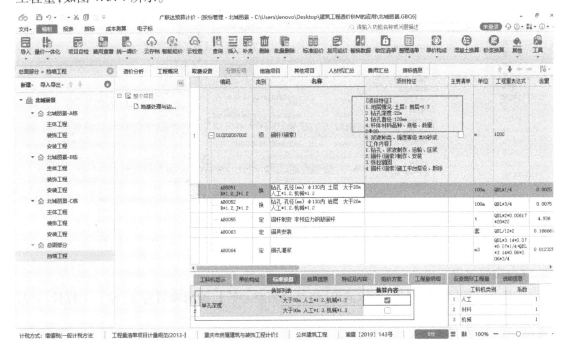

图 4.3.4

②根据项目特征描述，套取相应定额，并确定是否需要换算。本示例注意木层和岩层的区分；钻孔深度 22 m，大于 20 m 需要换算。

【注意】

钻孔锚杆（索）单孔深度大于 20 m 时，其相应定额子目人工、机械乘以系数 1.2；深度大于 30 m 时，其相应定额子目人工、机械乘以系数 1.3；锚孔注浆土层按设计图示孔径加 20 mm 充盈量。

（3）桩基工程

①建立分部【桩基工程】，套取清单【机械钻孔灌注桩土（石）方】，编辑项目特征，输入工程量，如图 4.3.5 所示。

②根据项目特征描述，套取相应定额。本示例主要区分桩径、单根桩深、土石比、场内运距。

【注意】

机械钻孔时，若出现垮塌、流砂、二次成孔、排水、钢筋混凝土无法成孔等情况而采取的各项施工措施所发生的费用，按实计算；"砧成孔"定额子目中未包括泥浆池的工料、废泥浆处理及外运运输费用，发生时按实计算；桩基工程定额子目中未包括钻机进出场费用。

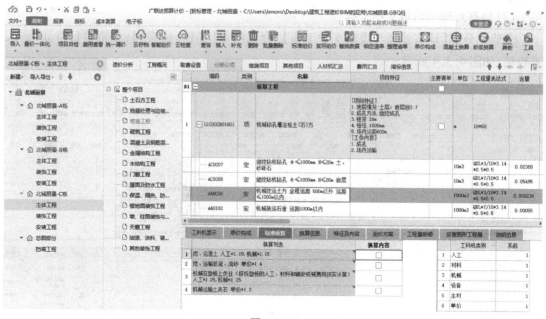

图 4.3.5

(4)砌筑工程

①建立分部【砌筑工程】,套取清单【烧结页岩空心砖】,编辑项目特征,输入工程量,如图 4.3.6 所示。

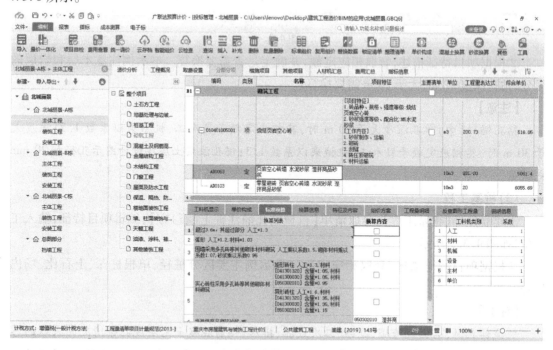

图 4.3.6

②根据项目特征描述,套取相应定额,并确定是否需要换算。本示例注意墙高 3 m 未超过 3.6 m,如果出现部分超过 3.6 m 的墙体需要分开计算。

【注意】

页岩空心砖、页岩多孔砖、混凝土空心砌块、轻质空心砌块、加气混凝土砌块等墙体所需的配砖(除底部三匹砖和顶部斜砌砖外)已综合在定额子目内,实际用量不同时不得换算;其底部三匹砖和顶部斜砌砖,执行零星砌砖定额子目。

(5)混凝土及钢筋混凝土工程

①建立分部【混凝土及钢筋混凝土工程】,套取清单【满堂基础】,编辑项目特征,输入工程量,如图4.3.7所示。

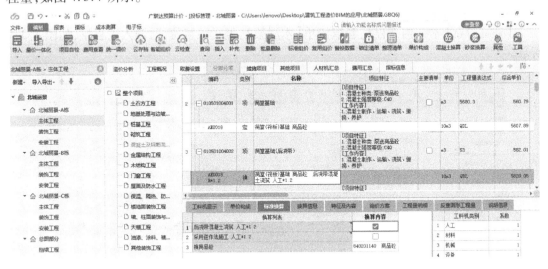

图4.3.7

②根据项目特征描述,套取相应定额,并确定是否需要换算。本示例满堂基础后浇带需要换算。

【注意】

按规定需要进行降温及温度控制的大体积混凝土,降温及温度控制费用根据批准的施工组织设计(方案)按实计算。

(6)金属结构工程

①建立分部【金属结构工程】,套取清单【砌块墙钢丝网加固】,编辑项目特征,输入工程量,如图4.3.8所示。

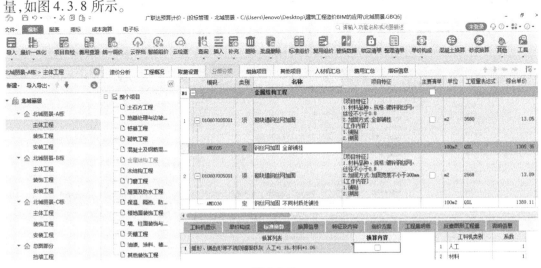

图4.3.8

②根据项目特征描述,套取相应定额,并确定是否需要换算。本示例需要全部铺挂和不同材质处铺挂两种方式分开计算。

【注意】

金属结构工程未包含砌块墙钢丝网加固的相关定额子目,发生时执行本定额 M 墙、柱面装饰与隔断、幕墙工程中相应子目。

(7)木结构工程

①建立分部【木结构工程】,套取清单【木屋架】,编辑项目特征,输入工程量,如图 4.3.9所示。

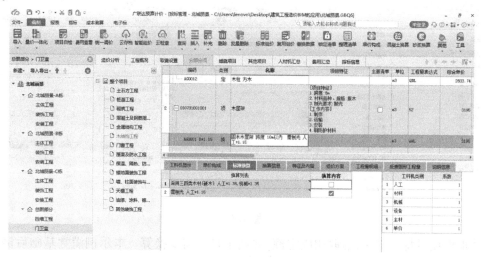

图 4.3.9

②根据项目特征描述,套取相应定额,并确定是否需要换算。本示例因为要抛光人工乘以 1.15。

【注意】

本章原木是按一二类综合编制的,如采用三四类木材(硬木)时,人工及机械乘以 1.35。

(8)门窗工程

①建立分部【门窗工程】,套取清单,编辑项目特征,输入工程量,如图 4.3.10所示。

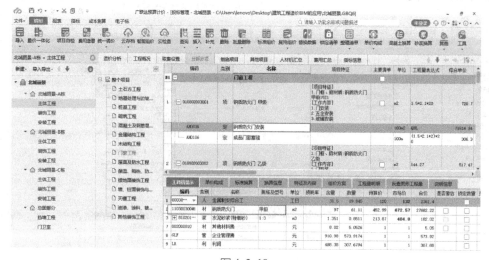

图 4.3.10

②根据项目特征描述,套取相应定额。本示例注意主材的规格及型号。

【注意】

成品金属门窗价格均已包括玻璃及五金配件,定额包括安装固定门窗小五金配件材料及安装费用与辅料耗量;门窗工程项目工作内容的框边塞缝为安装过程中的固定塞缝,框边二次塞缝及收口收边工作未包含在内,均应按相应定额子目执行。

(9) 屋面及防水工程

①建立分部【屋面及防水工程】,套取清单【屋面卷材防水】,编辑项目特征,输入工程量,如图4.3.11所示。

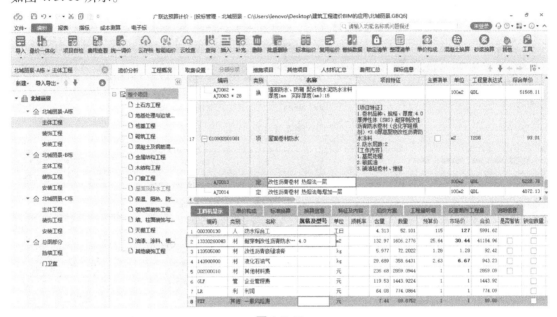

图 4.3.11

②根据项目特征描述,套取相应定额。本示例设计的材料品种与定额子目不同,材料进行换算,其他不变。

【注意】

卷材防水、涂料防水屋面的附加层、接缝、收头、基层处理剂工料已包括在定额子目内,不另计算。

(10) 保温、隔热、防腐工程

①建立分部【保温、隔热、防腐工程】,套取清单【保温隔热屋面】,编辑项目特征,输入工程量,如图4.3.12所示。

②根据项目特征描述,套取相应定额。本示例保温厚度80 mm,先套取【屋面保温 粘贴岩棉板 厚度(mm)50】,再套取【屋面保温 粘贴岩棉板 厚度(mm)每增减10】×3。

【注意】

保温板定额子目均不包括界面剂处理、抗裂砂浆,另按相应定额子目执行;保温板如设计厚度与定额子目厚度不同时,材料可以换算,其他不变。

(11) 楼地面工程

①建立分部【楼地面工程】,套取清单,编辑项目特征,输入工程量,如图4.3.13所示。

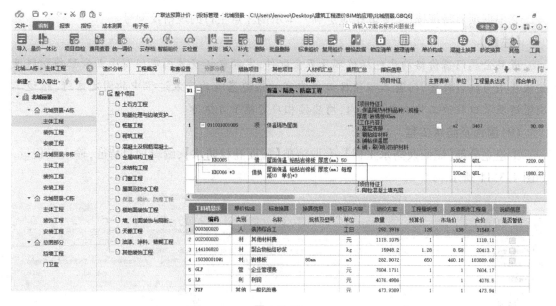

图 4.3.12

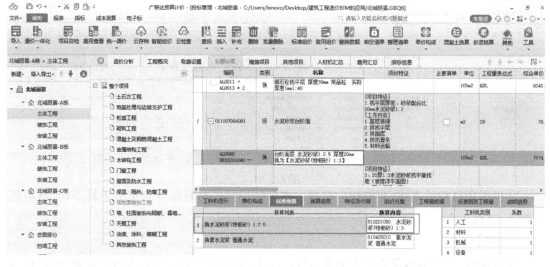

图 4.3.13

②根据项目特征描述,套取相应定额,并确定是否需要换算。本示例需要换算水泥砂浆。

【注意】

台阶定额子目不包括牵边及侧面抹灰,另执行零星抹灰子目。

(12)墙、柱面装饰与隔断、幕墙工程

①建立分部【墙、柱面装饰与隔断、幕墙工程】,套取清单【墙面一般抹灰】,编辑项目特征,输入工程量,如图 4.3.14 所示。

②根据项目特征描述,套取相应定额。本示例根据混凝土墙和砖墙抹灰面积分开计算,换算水泥砂浆。

【注意】

如设计要求混凝土面需凿毛时,其费用另行计算。

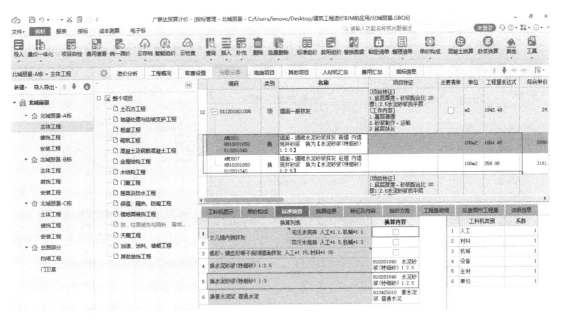

图 4.3.14

(13) 天棚工程

①建立分部【天棚工程】，套取清单【天棚抹灰】，编辑项目特征，输入工程量，如图 4.3.15 所示。

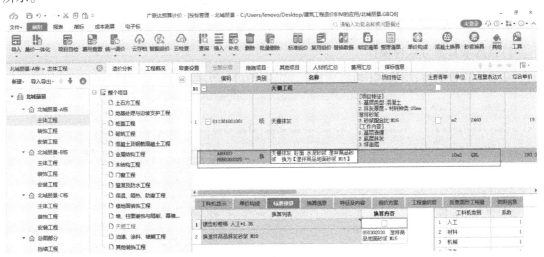

图 4.3.15

②根据项目特征描述，套取相应定额，并确定是否需要换算。本示例注意砂浆的型号。

【注意】

天棚抹灰定额子目不包含基层打（钉）毛，如设计需要打毛时应另行计算；天棚抹灰定额子目中已包括建筑胶浆人工、材料、机械费用，不再另行计算。

(14) 油漆、涂料、裱糊工程

①建立分部【砌筑工程】，套取清单，编辑项目特征，输入工程量，如图 4.3.16 所示。

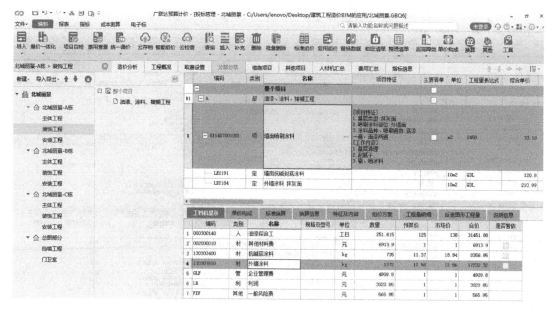

图 4.3.16

②根据项目特征描述,套取相应定额。

【注意】

拉毛面上喷(刷)油漆、涂料时,均按抹灰面油漆、涂料相应定额子目执行,其人工乘以系数1.2,材料乘以系数1.6;油漆涂刷不同颜色的工料已综合在定额子目内,颜色不同的人工、材料不作调整。

3)措施项目部分软件操作

完成分部分项后,切换到【措施项目】,如图4.3.17所示。

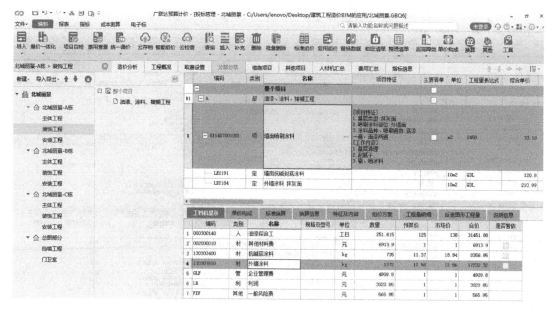

图 4.3.17

4)措施项目部分操作实务

完成措施项目的套取,如图4.3.18所示。

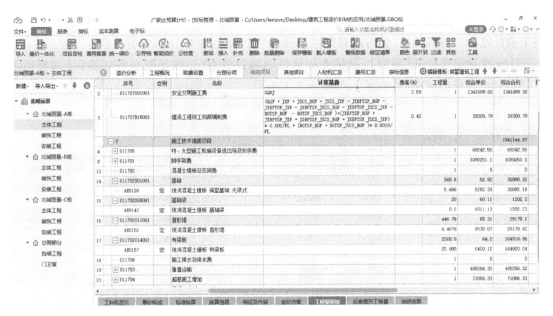

图 4.3.18

5) 其他项目部分软件操作

完成措施项目后,切换到【其他项目】,完成其他项目的套取,输入暂列金额,暂估价等,如图 4.3.19 所示。

图 4.3.19

任务 4.4　价格调整

通过本任务的学习,你将能够:

(1) 利用软件完成项目的价格调整;

(2) 掌握查询价格信息查询方法。

价格调整主要是对人材机调整市场价,载入价格的过程。整个工程完成后,我们可以对整个项目进行人材机调价,也可以对单位工程一个个调价,下面我们对前者进行讲解。

①一级导航选择到【编制】,鼠标光标定位到项目节点,二级导航页签切换到【人材机汇总】界面,单击功能区中的【载价】,如图 4.4.1 所示。

图 4.4.1

②根据项目实际情况,选择载价地区及载价月份,可以选择对于已调价的材料不进行载价,如图 4.4.2 所示。

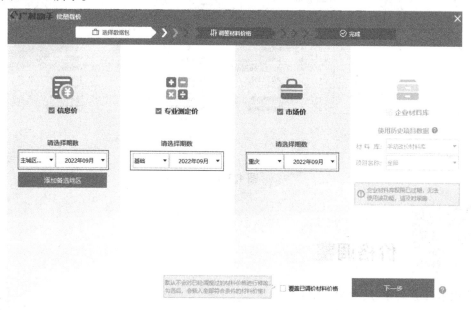

图 4.4.2

③对于信息价和目前预载入价格进行比较,也可以直接在待载价格中进行手动调价,完成批量载价过程,如图 4.4.3、图 4.4.4 所示。

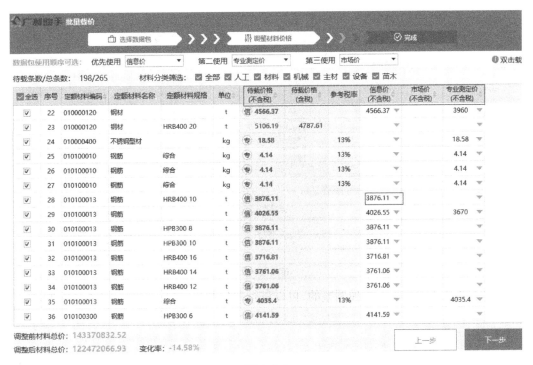

图 4.4.3

【注意】

图 4.4.3 中 ▼ 表示有多个选择,根据实际情况进行选择。

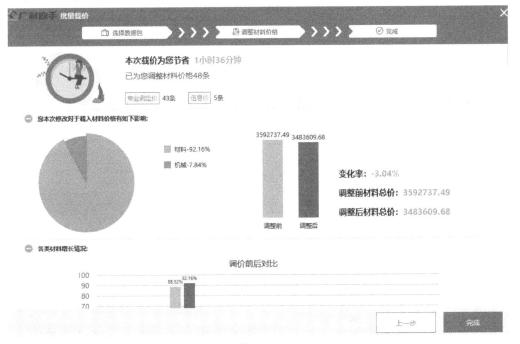

图 4.4.4

单击完成,批量载价就完成了。

④完成载价或调整价格后,你可以看到市场价的变化,并在价格来源列看到价格的来源,如图 4.4.5 所示。

图 4.4.5

⑤对于某几条材料需要单独调整的,可以进行单独载价,进行调整,如图4.4.6所示。

图 4.4.6

⑥对于某些相同规格型号的材料,如果价格不一致,会显示加黑的状态。双击市场价进行调整成一致就可以了,如图4.4.7所示。

图 4.4.7

⑦完成人材机项目调整后,切换到【费用汇总】,进行费用查看,如图4.4.8所示。

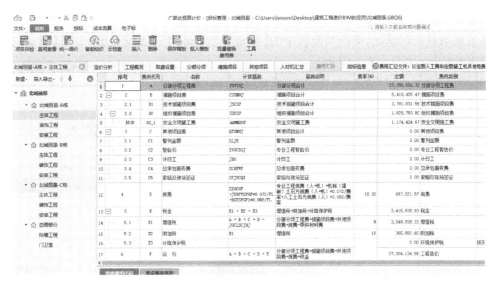

图 4.4.8

任务 4.5　报表输出

通过本任务的学习,你将能够:

(1)利用软件完成项目的报表输出;

(2)完成报表的打印。

4.5.1　报表输出

①一级导航切换到【报表】页签,如图 4.5.1 所示。

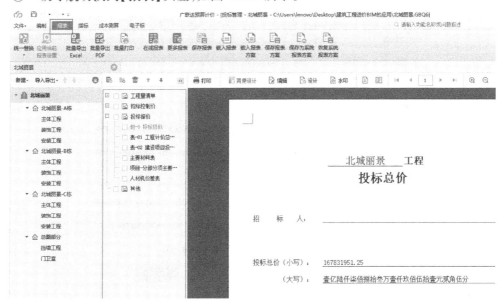

图 4.5.1

②在分栏显示区里可以对报表数据进行查看。

③根据项目实际情况,单击功能区中的【批量导出 Excel】:【批量导出 PDF】【批量打印】,进行报表的输出,如图 4.5.2 所示。

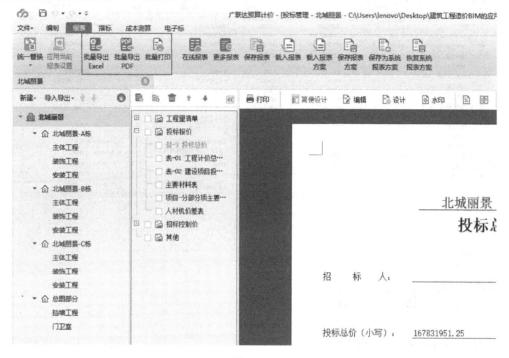

图 4.5.2

4.5.2 报表打印

①选择【批量导出 Excel】,选择【导出设置】,显示如图 4.5.3 所示。可以调整导出表格的页眉页脚位置、导出数据模式、批量导出 Excel 模式。

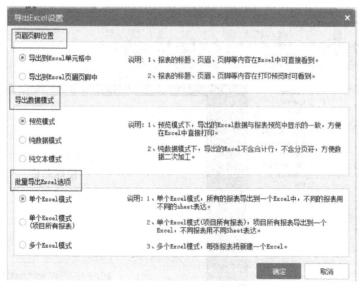

图 4.5.3

②选择【批量打印】,选择报表类型,软件会自动把项目下所有的报表都呈现在界面上,然后勾选需要打印的表格,选择需要打印的表格,完成后单击打印即可,如图 4.5.4 所示。

图 4.5.4

③如果需要修改软件默认的格式,如添加页眉页脚,单击工具条中【简便设计】功能,进行修改后,若需要所有的报表都照此设置,单击功能区【应用当前报表设置】完成整个设置。

④根据项目具体招投标实际情况,导出具体类型的报表,如图 4.5.5 所示。

图 4.5.5

练习题

根据任务信息完成投标报价文件编制与价款调整(任务资料详见配套资料)。

1. 编制依据

《房屋建筑与装饰工程工程量计算规范》(GB 50854—2013)

重庆市建设工程造价计价标准定额(2018)

2. 工程概况

项目名称:3#办公楼

建筑面积:950 m²

建设规模:地上 2 层,装配整体式混凝土框架结构,檐高 7.2 m

建设地点:昆明市内

已公示的最高投标限价如下:

投标最高限价:1 685 720.96 元

大写:壹佰陆拾捌万伍仟柒佰贰拾元玖角陆分

3. 计价资料

1)外墙面装饰的综合单价为 180 元/m²。

2)根据安全文明施工及环境保护要求,本工程所有砂浆采用预拌砂浆、混凝土均采用商品混凝土。砂浆的密度为 1.9 t/m³。

3)为了鼓励施工企业引进先进的施工技术(如施工机器人),本工程砌筑项目工程清单项由施工单位根据企业定额自主报价。报价原则:以砌筑工程预算消耗量标准基价为基础,机械费用不做调整,人工效率提高 30%。

4)按清单项目特征要求换算砂浆、混凝土标号。

5)本工程人工及材料价见下表。

序号	材料名称	规格型号	单位	含税市场价
1	普通预拌混凝土	C10	m³	410
2	普通预拌混凝土	C15	m³	420
3	普通预拌混凝土	C20	m³	440
4	普通预拌混凝土	C25	m³	450
5	普通预拌混凝土	C30	m³	470
6	普通预拌混凝土	C35	m³	490
7	普通预拌混凝土	C40	m³	510
8	普通预拌混凝土	C45	m³	530
9	普通预拌混凝土	C50	m³	540
10	普通预拌混凝土	C55	m³	570
11	普通预拌混凝土	C60	m³	600
12	普通干混砂浆	砌筑砂浆 DM7.5	t	627
13	普通干混砂浆	砌筑砂浆 DM10	t	335
14	普通干混砂浆	砌筑砂浆 DM15	t	345

续表

序号	材料名称	规格型号	单位	含税市场价
15	普通干混砂浆	砌筑砂浆 DM20	t	355
16	普通干混砂浆	地面砂浆 DS15	t	360
17	普通干混砂浆	地面砂浆 DS20	t	370
18	普通干混砂浆	地面砂浆 DS25	t	380
19	普通干混砂浆	抹灰砂浆 DP5	t	335
20	普通干混砂浆	抹灰砂浆 DP7.5	t	345
21	普通干混砂浆	抹灰砂浆 DP10	t	355
22	普通干混砂浆	抹灰砂浆 DP15	t	365
23	热轧光圆钢筋	HPB300 ϕ8	t	5 489
24	热轧光圆钢筋	HPB300 ϕ10	t	5 413
25	热轧光圆钢筋	HPB300 ϕ12	t	5 523
26	热轧光圆钢筋	HPB300 ϕ14	t	5 060
27	热轧光圆钢筋	HPB300 ϕ16	t	5 060
28	热轧光圆钢筋	HPB300 ϕ18-25	t	5 060
29	建筑工程	最低价	工日	130
30	建筑工程	最高价	工日	146
31	普通装饰工程	最低价	工日	132
32	普通装饰工程	最高价	工日	150
33	高级装饰工程	最低价	工日	151
34	高级装饰工程	最高价	工日	199

泡沫玻璃板(80 mm 厚)含税市场价 1 650.00 元。

除以上材料外其余材料不调整。

4. 试题内容

根据任务信息完成项目的费用汇总计算。

参考文献

［1］中华人民共和国住房和城乡建设部.房屋建筑与装饰工程工程量计算规范 GB 50854—2013［S］.北京:中国计划出版社,2013.

［2］重庆市城乡建设委员会.重庆市房屋建筑与装饰工程计价定额 CQJZZSDE—2018［M］.重庆:重庆大学出版社,2018.

［3］殷许鹏.建筑 BIM 技术应用［M］.长春:吉林大学出版社,2017.

［4］工业和信息化部教育与考试中心.建筑 BIM 应用工程师教程［M］.北京:中国机械工业出版社,2019.

［5］陈淑珍,王妙灵.BIM 建筑工程计量与计价实训［M］.重庆:重庆大学出版社,2021.